生物はなぜ死ぬのか

小林武彦

講談社現代新書

2615

はじめに

宇宙的な視野の広さを持って見ると、地球には2つのものしかありません。

それは「生きているもの」とそれ以外です。「生きているもの」はいわゆる「生物」です。一方、土や空気や水は生物ではありません。量で言えば、地球上に生き物はほんのわずかしかいません。

生物学は、生きているものの生きざま、生き物同士の関わり合い、生き物の体の仕組みを研究する学問です。つまり「どうやって生きているのか」を研究対象としているわけです。しかし見方を変えると、生きているということはいずれ死ぬわけで、死にゆくものを研究していると言うこともできます。私のような人生を半ば過ぎた〝大人〟には「どうして生きているのか」よりも「どうやって死んでいくのか」のほうが、興味を惹かれます。

歳を重ねるにつれて体力は少しずつ衰え、20代の頃のように飛んだり跳ねたり、羽目を外したりはできなくなります。細かい文字を読むのに苦労するようになり、シワも白髪も増えていきます。知り合いが亡くなったりすると、寂しさに加えて、「自分の番が近づいているな」と心細くなったりもします。

そうした加齢による肉体や心の変化は、やむを得ないことだとわかっていても、ポジティブに捉えることはなかなか難しいものです。若い頃を懐かしく思い、老化した身体を愁うこともあるでしょう。身近な人の死に直面して、悲しみに暮れることもあるでしょう。老化は死へ一歩ずつ近づいているサインであり、私たちにとって「死」は、絶対的な恐るべきものとして存在しています。

そこで、こんな疑問が頭をよぎります。

なぜ、私たちは死ななければならないのでしょうか？

生物学者の私から見ると、生物の仕組み、ひいては自然界の仕組みは、偶然が必然となって存在している——つまり「たまたま」だと思っていたのが、「なるほどね」と思えることばかりなのです。詳しくは本書でお話ししていこうと思いますが、この地球に生命が誕生したのも、現在たくさんの生き物が存在することも、そして死ぬことも、全てなるほどと思える「そもそも」の理由があるのです。当然、私たち人間が死ぬことにも、理由があるのです。

その生き物の不思議な謎を解くカギは「進化が生き物を作った」という事実です。地球に存在する生き物は全て、進化の結果できたものです。なんでこんな形になったのか、なんでこんな性質があるのか、この遺伝子は一体なんのためにあるのか、そしてなぜ生きているのか、などなど、全てのことに、進化で生き残ってきた偶然と必然の理由があるに違いありません。それを推察し、可能ならば実証するのが、生物学の面白さです。

本書では、根源的な疑問であり大人向けの問いである「そもそもなんで生き物は死ぬのか?」について、皆さんと一緒に、生物学的視点から考えていきたいと思います。「死」という究極の問いを考えていくことで、いま私たちが生きている意味も、喜びや悲しみの根源も、そして自然との関わり合いの大切さも見えてくるはずです。すると、恐怖の対象でしかなかった「死」というものが、また違った意味を持ってくるかもしれませんね。

目次

第2章 そもそも生物はなぜ絶滅するのか——49

第3章　そもそも生物はどのように死ぬのか 83

第4章　そもそもヒトはどのように死ぬのか

第5章　そもそも生物はなぜ死ぬのか

第1章　そもそも生物はなぜ誕生したのか

天文学者になればよかった

天文学者になればよかった、と思ったことが何度かあります。

私はシンガーソングライターのさだまさしさんが作った『天文学者になればよかった』という曲が好きです。歌詞の内容は大体こんな感じです。自身の設計で建てた「完璧」な新居で、幸せな新婚生活を送っていたと思い込んでいた設計技士の青年が、突然奥さんに出ていかれてしまいます。幸せの絶頂からどん底に叩き落とされて、現実的な「幸せ設計」にはもうこりごり、「夢溢れる天文学の世界」に逃避したいよ、というものです。私も、全てにおいて綿密な計画を立てて「完璧」を目指すタイプ（？）なので、設計技士の男性の気持ちが痛いほどよくわかります。もしかしたら一番大切なもの、つまり直接的な愛情表現が少し足らなかったのかもしれませんね。

それはさておき、この曲が好きな理由は、挫折や逃避や完璧主義への共感だけではありません。私は今は生物学者ですが、天文学者を目指せばよかった、と思うことが人生で何度かあったからです。

例えば天文学の羨ましいところは、有用性、つまり役に立つことをあまり要求されないことです。生物学で新しい発見をして、記者会見などを開くとします。そのときに必ずされる質問は「先生の今回の発見は、なんの役に立つのでしょうか？」です。天文学ではまず聞かれない質問です。私の答えは「そうですね、将来的にはがんの治療薬に使えるかもしれません」とか、記事の書きやすいことを言います。もちろん嘘ではないのですが、そんなに簡単ではないですね。本当は「すぐには、なんの役にも立たないかもしれません。でもこんな仕組みがあることがわかって面白いと思いませんか？　生命現象を理解することは、人類のロマンですよ！」と言いたいのです。しかし残念なことに生物学の成果としては、それでは納得してはもらえないかもしれません。一方、天文学では「宇宙を理解するのは人類の夢です」、この答えでみんな納得ですね。しかもかっこいいです。

次に、具体的な夢溢れる天文学のお話を紹介いたします。

以前、幸運にも井上学術賞という名誉ある賞をいただきました。２０１３年のことです。この賞は、50歳未満の研究者を対象として、自然科学（数学、化学、物理学、天文学、生物学）の5分野から毎年1名ずつが表彰されます。この授賞式の会場で、天文学で表彰された研究者の方と雑談する機会がありました。

当時私には高校生の息子がおり、理由はよくわかりませんが、彼は将来、私と同じ生物学を勉強しようと思っていたようです。私は息子から特に尊敬されていたわけではない（？）のですが、親が楽しそうに仕事をしているので、なんとなく興味を持っていたので

提供：国立天文台

図1－1　TMTの完成予想図

CGによる画像。背景に見えるのは、すばる望遠鏡（右）とケック望遠鏡（左）

しょう。私からすれば、同じ分野にいられると気恥ずかしいし、どちらかというと異なる分野を勉強して欲しいということもあり、その天文学の受賞者に次のように聞いてみました。

「息子に天文学の魅力を伝えたいのですが、いま天文学の分野で研究者が一番注目していることは何でしょうか？」

答えはすぐに返ってきました。

「それはＴＭＴです」

「ＴＭＴ？」

ＴＭＴとはThirty meter telescopeの略で、口径、つまり幅が30メートルもある巨大な望遠鏡だそうです（図１－１）。２００５年からスタートしたプロジェクトで、それが近い将来完成するので、天文学者は今からワクワクしながら準備しているといいます。それで何がすごいのですか、と重ねて尋ねると、

「宇宙の起源、つまりこの世の始まりが見える可能性があるのです」

という答えが返ってきました。

「この世の始まり？　それは確かにすごい！　タイムマシーンですね」

「この世の始まり」を見る方法

なぜその望遠鏡で宇宙の起源が見えるのか、と疑問を抱く人も少なからずおられることと思います。そんな皆さんのために少し解説をいたしましょう。

宇宙は138億年ほど前に「ビッグバン」と呼ばれる大爆発から始まったと考えられています。その根拠の一つは、1929年にアメリカの天文学者エドウィン・ハッブルが発見した宇宙の膨張です。

宇宙には無数の銀河がありますが、ハッブルが詳しく観測すると、宇宙のあらゆる方向で銀河が地球から遠ざかる動きをしていることがわかりました。この現象を説明するには、「宇宙が膨張している」と考えるほかありません。そして、宇宙が膨張する過程を遡ると、138億年前に宇宙は小指の先ほどの大きさに集約されるというのです。その小さな塊が大爆発して宇宙を形成し、現在もなお、膨張し続けているわけです。

30メートル望遠鏡の話に戻ると、この望遠鏡は今まで以上に、遠くの天体が観察できます。たとえば10億光年（1光年は光が1年間に進む距離）離れた星が地球から観察できたとすると、それは、10億年前に発せられた光を見ていることになります。つまり10億年前のその星の光景を見ているのです。

ちなみに太陽から地球までは光の速さで8分19秒かかるので、地球から見る太陽は8分

19秒前の姿です。現在観測できるもっとも遠くの星は2018年にハッブル宇宙望遠鏡が捉えたイカロスで、地球からの距離は90億光年です。さらにTMTで138億光年先が見えるとなると、それはまさにビッグバン直後の情景が見えるかもしれないというわけです（図1－2）。理論的には全くその通りで、確かにすごくロマン溢れるプロジェクトですね。私が若ければ、天文学者を目指していたかもしれません。

でも、ここで本書を読むのをやめないでください。これから、その天文学に負けないくらい面白い生物学の話をしていきます。天文学者にならなかった私が言うのですから間違いはありません。そして実は、生物学は天文学とも繋がっており、ロマンと神秘に溢れる学問分野であることがわかります。

もう少し天文学の話を続けると、ビッグバン以降、爆発の余波は続き、今から50億年前に大きな星の爆発でガスやちりが渦を巻き、重力が一番強い中心に太陽が、その周りにいくつかの惑星が生まれ、46億年前に地球を含む太陽系ができました。そして現在もなお、宇宙は膨張し続けています。

この膨張する宇宙をたとえて言うならば、富士山の頂上から大きな岩を転がして（ビッグバンに相当）、それが転がる過程でくだけ散りながら小石となり、さらには砂となり（膨張する宇宙に相当）、まだゆっくり転がり続けている状態です。そして、そのゆっく

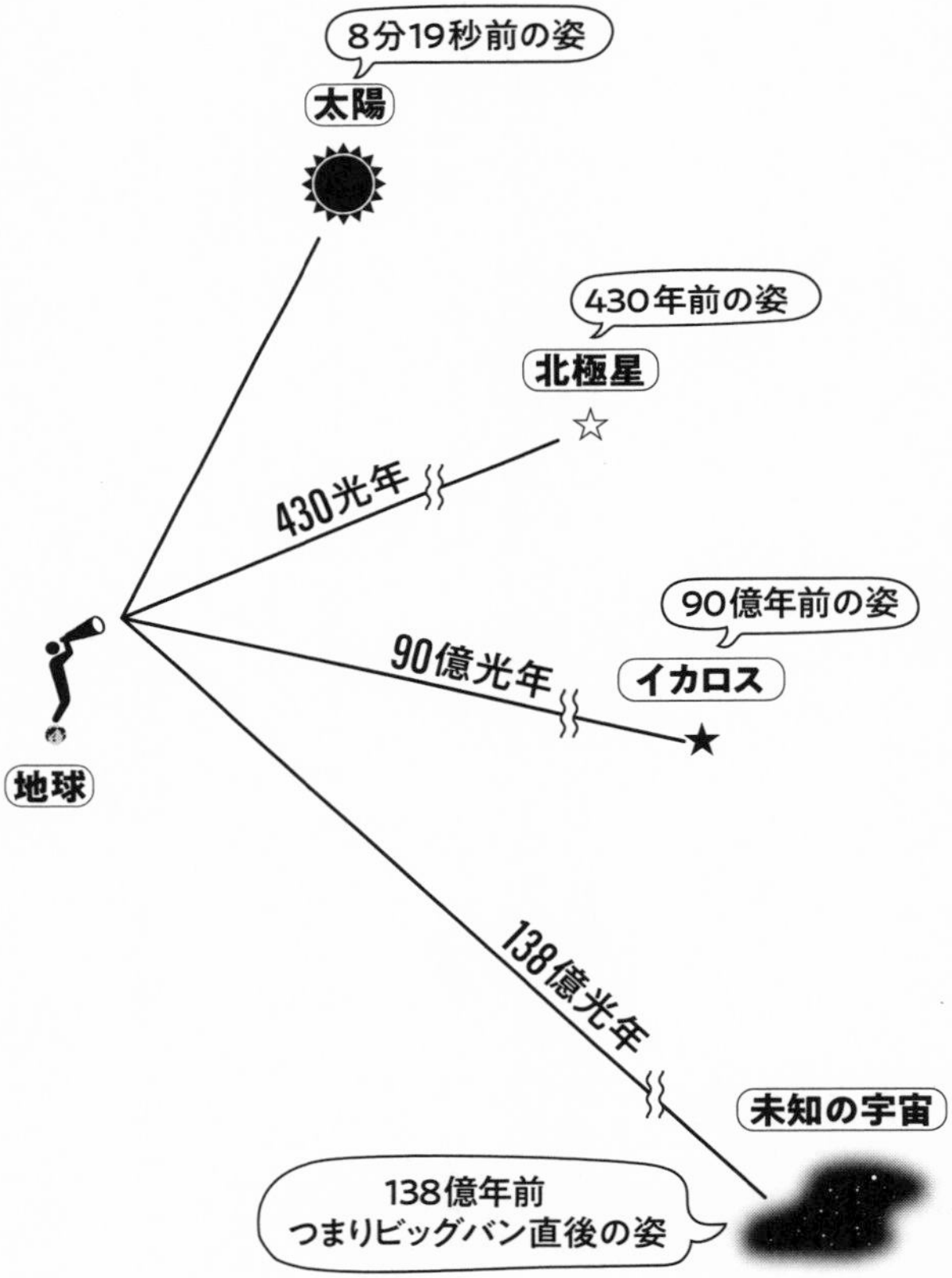

図1－2　なぜTMTで宇宙の始まりが見えるのか
TMTを使うと、138億光年離れたところまで観察できる

り広がる過程で小さな砂の粒に生えたコケのようなものが、私たち地球の生き物になります。

壮大なエネルギーの流れの中で私たちは生まれ、そして生きているわけです。今、その「コケ」が、巨大な望遠鏡で砂の転がってきた軌跡を、映像を逆再生するようにたどっていき、元の頂上の岩を見ようとしているわけです。生命のことを知るためには、宇宙誕生の歴史を切り離して考えることはできないのです。

生き物の「タネ」の誕生

井上学術賞の授賞式の後、家に帰り、30メートル口径の巨大望遠鏡（TMT）についてさっそく高校生の息子に話しました。息子はそれなりに興味を持ってくれたようですが、ロマン溢れる宇宙の誕生は、スマホやゲームに熱中する「液晶世代」にはウケが悪かったようです。一方、横で聞いていた4歳の息子は、すぐに本棚から宇宙の図鑑を持ってきて私を質問攻めにしました。彼の自然の神秘に対する探究心はずっと大切にしてもらいたいものです。

さて、今度は天文学から「物理学」の話になります。天文学は物理学と関連性が高い自然科学の分野です。もっと言ってしまえば、天文学も物理学も化学も、生物学以外の自然科学はすべてビッグバンから始まった自然現象の研究で、根っこは同じです。生物学だけは、今のところ地球ができてからの話なので、かなり新参者の学問ということになりますね。自然科学の「若手のホープ」と言ったほうがいいでしょうか。

物理学の基本法則に、熱力学の第一法則「エネルギー保存の法則」というものがあります。これは、エネルギーは形が変わることがあっても量は変わらない、というものです。宇宙の正体がまだよくわからないので、宇宙全体としてエネルギー保存の法則が成り立つかどうかはわかりませんが、ビッグバンの巨大なエネルギーが宇宙を膨張させ、星を作り太陽系を作ったのは間違いないでしょう。

ビッグバンは、物質や質量を生み出すと同時にそれらの相互作用、つまり化学反応も作りました。「化学」の登場です。その代表的な反応が「燃焼＝燃える」ということです。燃焼反応は熱と光を生み出し、夜空に輝く星を誕生させました。夜空には物理学と化学の現象が溢れているわけです。

さて物理学、化学ときて、ここでやっと新参者の「生物学」の登場となります。その前に、まずは生命が誕生しないことには生物学が成り立ちません。そもそも、生物はなぜ誕生したのでしょうか？

なぜ地球で生物が誕生したかは、今でもわかっていません。生命誕生の瞬間を実際に見た人はいないし、再現実験で人工的に生物を作ることにもまだ成功していないので、想像するしかありませんね。一緒に考えていきましょう。

地球で生命が誕生したのには、いくつかの理由が考えられますが、私が一番大事だったと思うのは、太陽（恒星、自ら光を発する星）との程よい距離です。水や生物の材料となる有機物が凍ることなく、しかも燃えるほど熱すぎない、この程よい温度が重要だったと思われます（図1－3）。

この恒星との程よい距離を、専門用語で「ハビタブルゾーン（生存可能領域）」といいます。太陽系以外でハビタブルゾーンにある惑星の一つに、2020年4月にNASAが見つけた「ケプラー1649c」があります。ケプラー1649cは、地球から約300光年離れた恒星の周りを回る惑星です。この惑星が恒星から受ける光の量は、地球が太陽から受け取る量の75％程度あり、氷ではなく液体の水が存在する可能性があります。大きさも地球の1・06倍ということで、重力も程よくいい感じです。

ただし、距離と温度の関係の例外もあります。恒星から遠く離れて全てが凍りつく惑星でも、内部に熱い熱源を持っていれば、部分的に氷が溶けて生物が生存可能な温度に保たれている場合があります。その一つの例が、土星の周りを回っている衛星エンケラドスです。エンケラドスは氷で覆われていますが、土星の周りを回る際に、土星の引力で潮の満

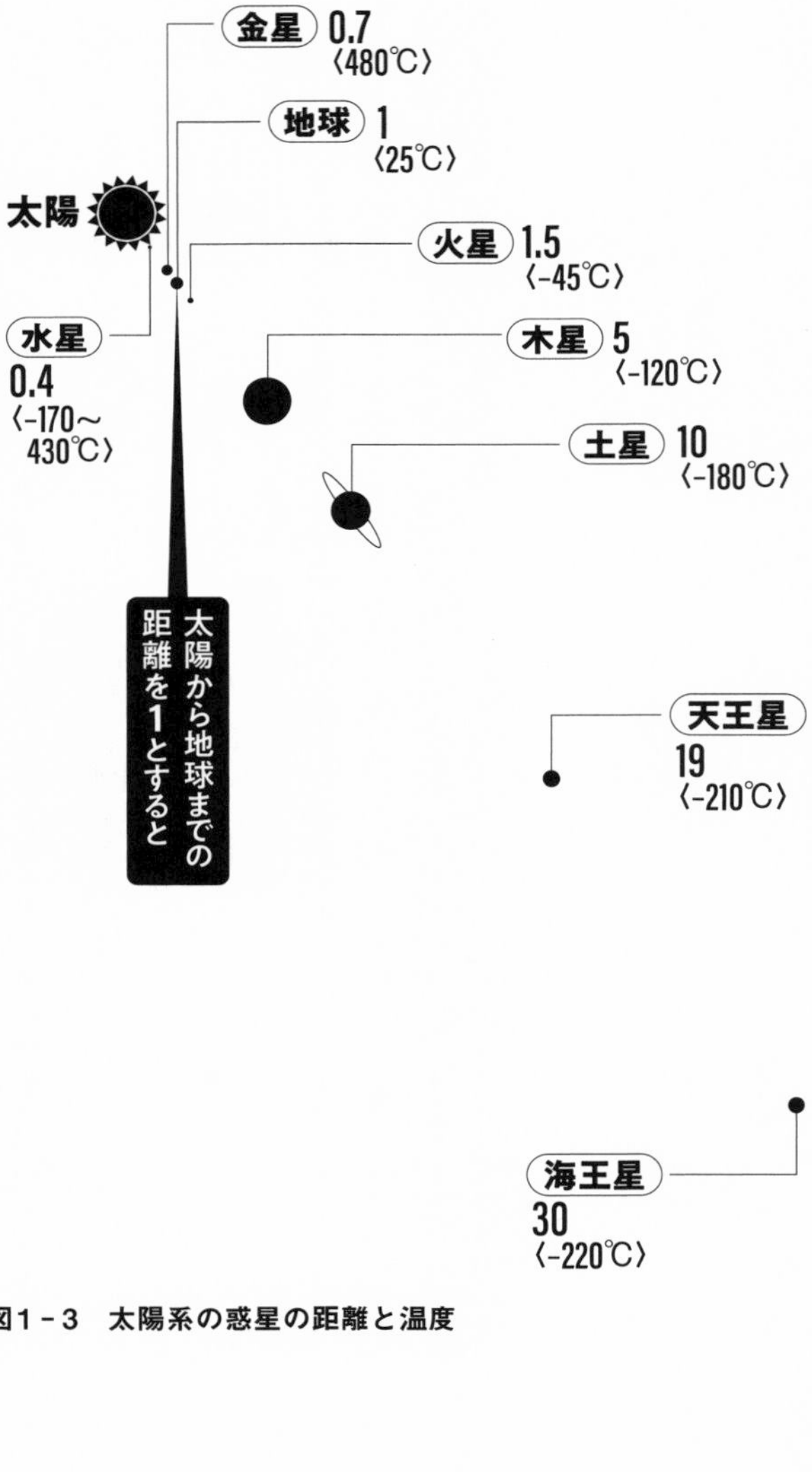

図1－3　太陽系の惑星の距離と温度

ち引きのように変形します。このとき岩石がこすれ合って摩擦熱が発生し、部分的に氷が溶けているのです。これに地熱も加わり、部分的に氷が溶けた暖かい地域があります。もしかしたら、ここに細菌のような小さな生き物が存在するかもしれません。

原始の地球は今とはかなり違います。できたてホヤホヤのときは、溶岩や硫酸ガスなどが噴き出し、強い放射線、紫外線などが宇宙から降り注ぎ、とても生き物が棲《す》める状態ではなかったと考えられています。

ただこれは、化学反応を引き起こすという点では好条件でした。その結果、さまざまな有機物が生成され、蓄積していったと推定されます。有機物というのは生物を構成するもっとも基本的な物質で、その中にはタンパク質の材料となるアミノ酸や核酸（DNA、RNA）の元「タネ」となった糖や塩基も含まれます。これらの物質は、化学反応が起こりやすい場所、つまり海底火山のような高温で地中からの物質の供給も絶えない場所で生じたと考えられています。

自己を複製し変革する細長い分子

しかし材料が揃っても、そこから生命誕生までは、まだ次元が異なるくらいの距離があります。最初の、そして最大の壁は「自己複製」の仕組みです。そもそも生物の定義の一つは、自身のコピーを作る、つまり子孫を作るということです。現在、多くの生物では、卵や精子に含まれる遺伝物質DNAが親から子へ受け継がれることで自己複製がなされますが、最初の生物は、遺伝物質そのものと言ってもいいくらいシンプルなものだったと考えられています。

ここから少し細かい話になりますが、生き物を理解するための大切な部分なので、少々ご辛抱ください。最初にできた遺伝物質の候補になっているのが、RNA（リボ核酸）と呼ばれる単純な構造の物質です。後述するDNA（デオキシリボ核酸）とほぼ同じ構造で、どちらもリン酸と糖、塩基という3つの分子がくっついたヌクレオチドと呼ばれる塊「ブロック」が基本となります（図1－4）。それが繋がってひも状の構造を作ります。

DNAはデオキシリボースという糖を使うのに対し、RNAにはリボースという糖が使われます。違いは、2位の炭素C（図中の$C_{2'}$）に水素Hがついているか（DNA）、ヒドロキシ基OHがついているか（RNA）だけです。

RNAに用いられる塩基は、性質の異なる4種類（A：アデニン、G：グアニン、C：シトシン、U：ウラシル）が存在するため、RNAは塩基の並び順の違いによって無限に近い種類（配列）を作り出すことができます。例えばヌクレオチドが20個連なったRNAがあるとすると、4の20乗、つまり約1兆種類ものRNAを作れます。ちなみに

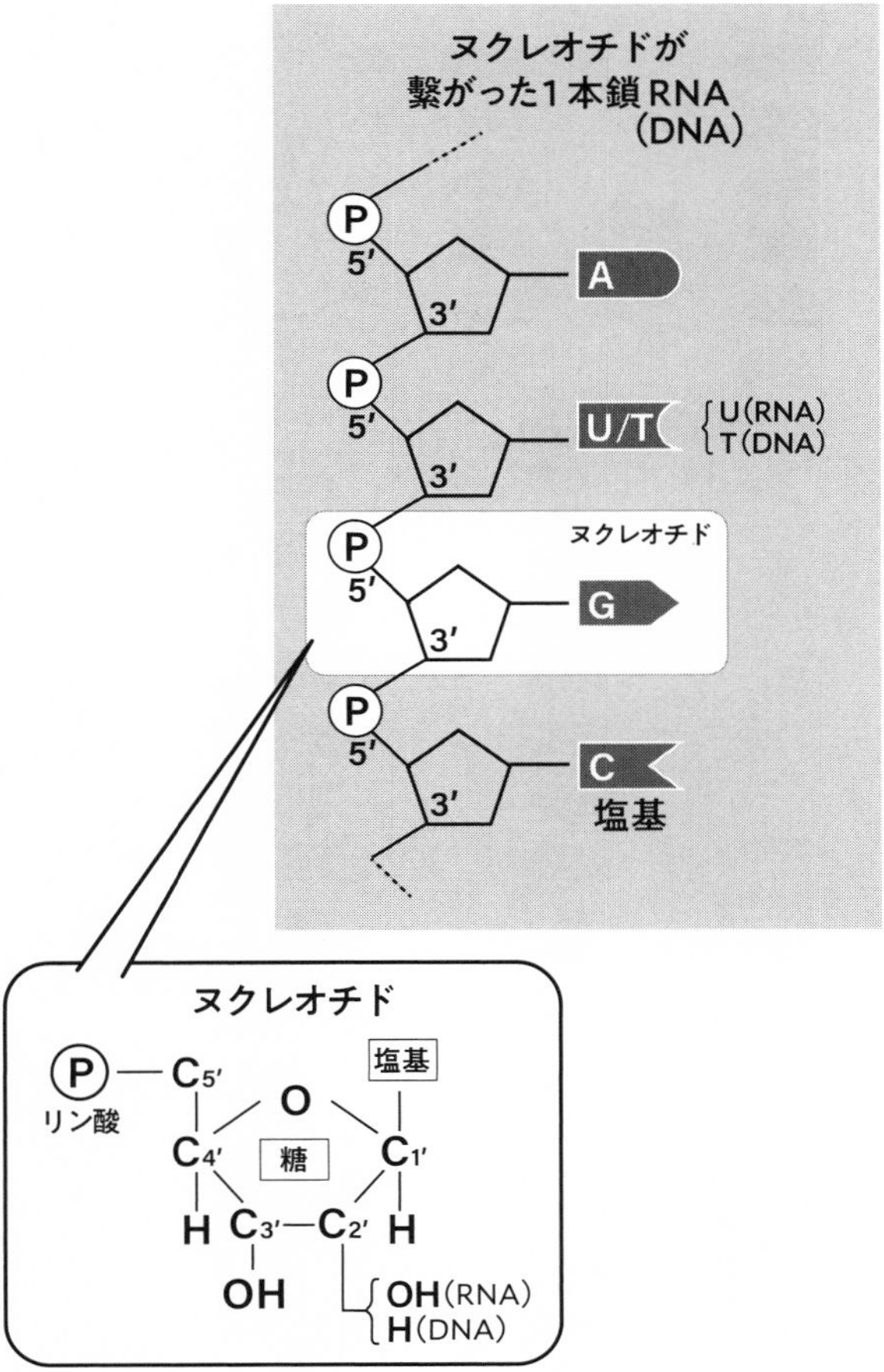

図1－4　RNAとDNAの構造

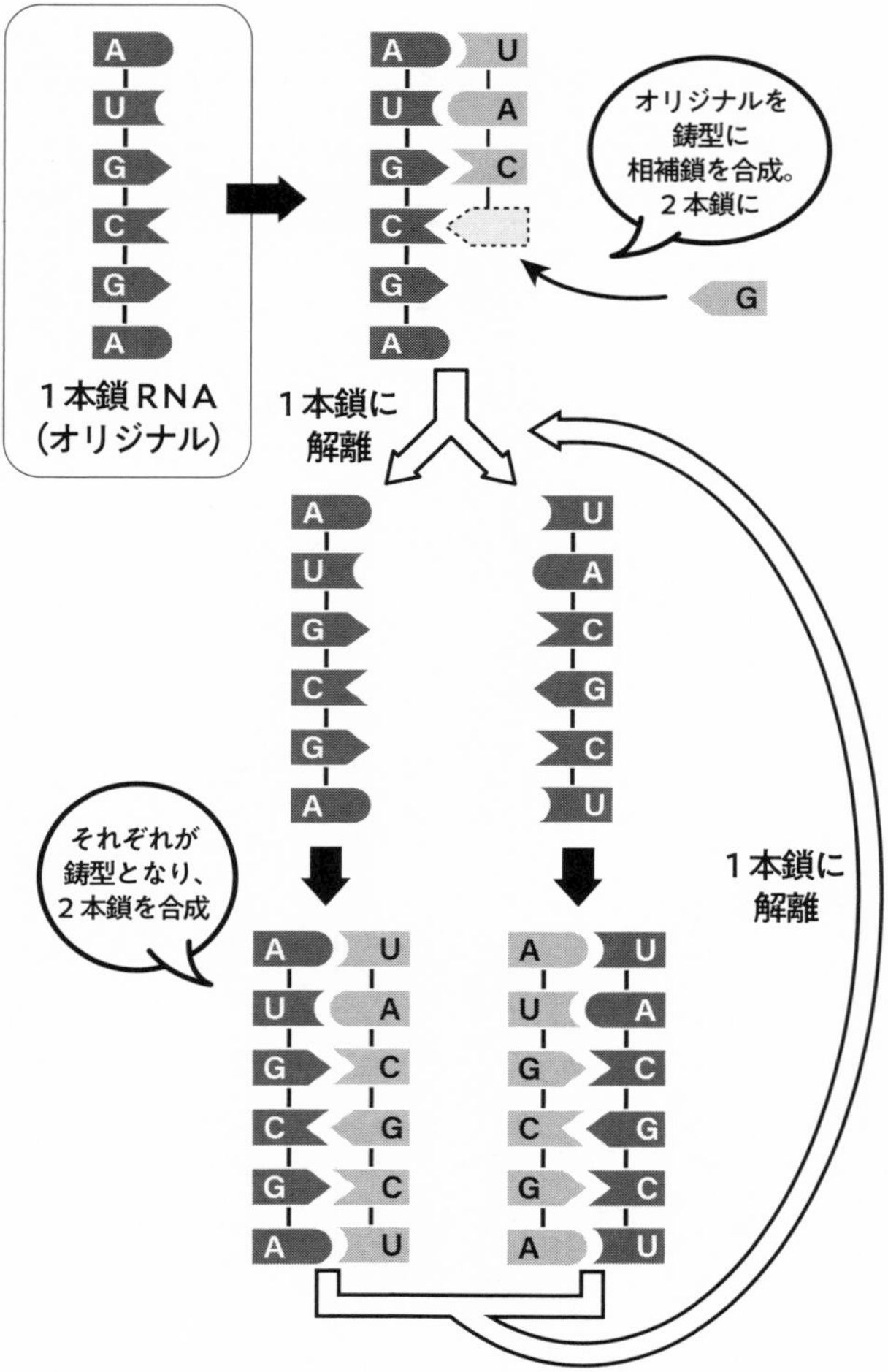

図1－5　自己複製するRNA

DNAの塩基では、ウラシル（U）の代わりにチミン（T）が用いられます。
また、塩基のアデニンとウラシル、グアニンとシトシンがくっつきやすい性質を持つので、RNAは型と鋳物のような2本鎖（相補鎖）構造を作ることもできます（図1－5）。

2本鎖は熱やアルカリの影響で解離して1本鎖になるため、それぞれが鋳型（手本）となり、同じ並び順の塩基配列を持ったRNA分子をたくさん生産できます。つまり「自己複製」が可能です。またRNAには、自らその並び順を変える「自己編集」する働きがあることが確かめられています。「自己編集」とは、長い分子を切って、別の場所と繋げたりする機能です。さらに、長いRNAは、折り畳まれ部分的に2本鎖を作った立体的で複雑な構造体を作ることもあります。

以上のように、RNAは自身と同じものを作り出し、自己編集によってさまざまな種類のものを作り出す能力を備えているのです。

そして「正のスパイラル」が奇跡を呼んだ

ここまでは時間をかければ勝手に進む化学反応ですが、このあと、奇跡的なイベントが起こりました。いったん自己複製型のRNA分子ができると、どうなるでしょうか？

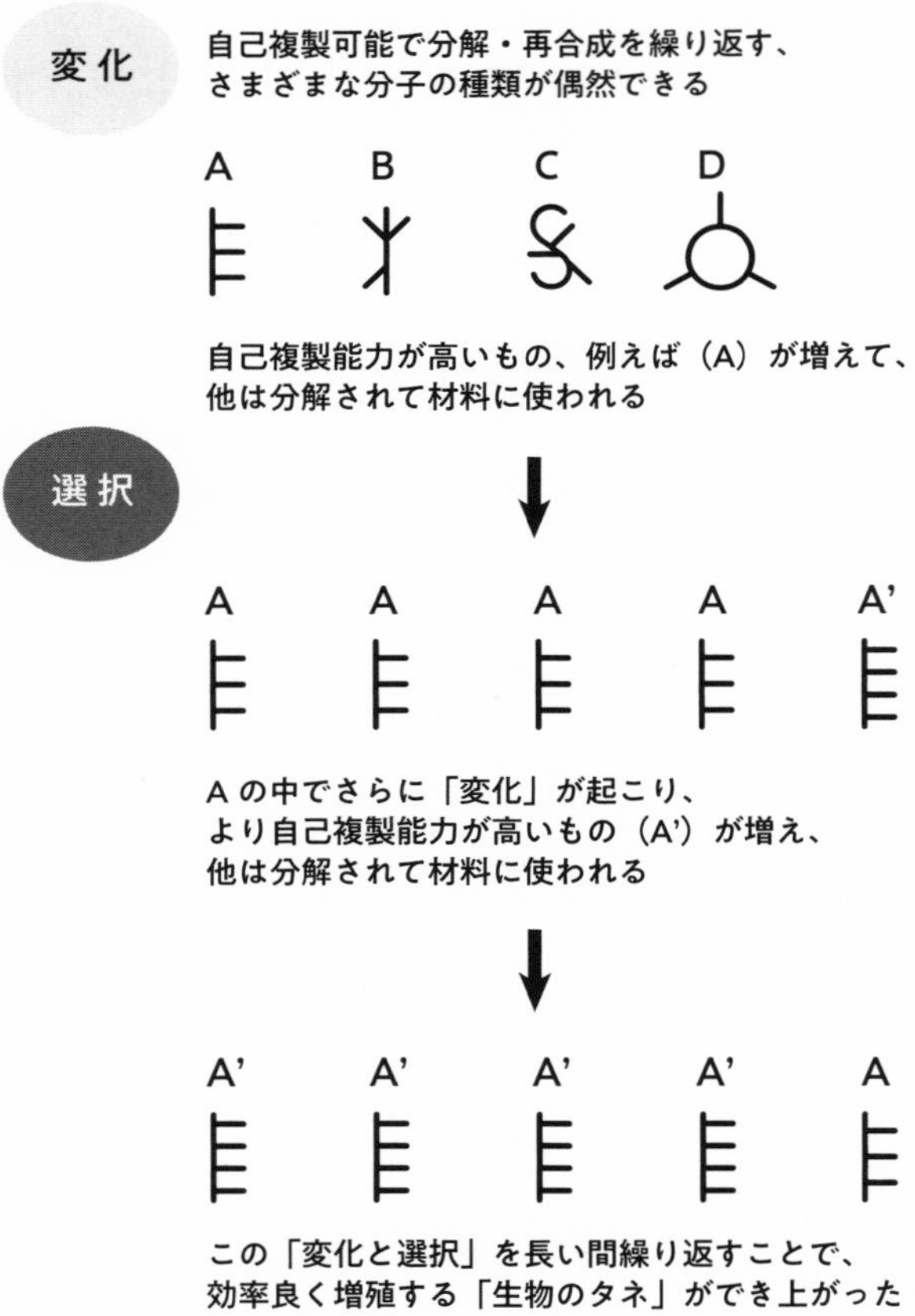
変化
自己複製可能で分解・再合成を繰り返す、
さまざまな分子の種類が偶然できる
A
B
C
D
自己複製能力が高いもの、例えば（A）が増えて、
他は分解されて材料に使われる
選択
A
A
A
A
A'
Aの中でさらに「変化」が起こり、
より自己複製能力が高いもの（A'）が増え、
他は分解されて材料に使われる
A'
A'
A'
A'
A
この「変化と選択」を長い間繰り返すことで、
効率良く増殖する「生物のタネ」ができ上がった

図1-6　生物誕生の「正のスパイラル」

より増えやすい配列や構造を持つRNA分子が材料を独占し、他の分子ができにくくなります。さらに自己編集によって効率良く増えるもの同士が繋がると、いっそう他を駆逐していきます。このような生産性がより高い（よく増える）分子が資源を独占し、ますます生き残るような連続反応「正のスパイラル」が、RNAを「進化」させ、生物誕生の基礎を作ったと推定されるのです（図1-6）。

ただ、この正のスパイラルが起こり続けるためには、常に新しいものを作り出す安定した材料の供給が必要となります。一番の供給源は何かというと、RNA自身なのです。つまり、RNAは反応性に富む分、壊れやすくもあり、作ってはすぐに分解され、分解されたRNAが新しいRNAの材料となるわけです。この「作っては分解して作り変えるリサイクル」というのは、このあと本書のテーマである「死」の意味を考えていく上で重要になってくるので、頭にとどめておいてください。

無生物と生物の間には……

しかし、連続した化学反応で自己複製する分子、というだけではまだ生命とは言えません。ただの連鎖反応です。塩の結晶がだんだん大きくなるのと大差ありません。そこでここでは、生命の誕生を考える前に、生物と無生物の違いを考えてみましょう。

生き物の中で、もっとも作りがシンプルなのは細菌（バクテリア）の仲間です。そのため細菌は、地球上に最初に現れた生物と考えられています。サイズは数マイクロメートル（1マイクロメートルは1000分の1ミリメートル）と小さいですが、地球のいたるところに生息し、数で言うと一番多いです。

その性質は多岐にわたり、生態系および地球環境の維持になくてはならない存在です。例えば土の中にいる多くの細菌は、生体物質（有機物）を分解し、そのときに出るエネルギーで生きていますが、副産物として植物に欠かせないタンパク質や核酸の材料となるリンや窒素化合物などの無機物を生産します。また空気中に多量に存在する窒素を直接利用し、窒素化合物を作り出す優れものもいます。私たちの体内、例えば腸管にもたくさんの細菌がいて、消化や免疫機能を助けてくれているものもいます。

このように何処にでもたくさんいる細菌は、地球生物の土台を支える頼れる大先輩といったところでしょうか。中にはヒトにとっての病原菌もいますが、それは全体からすればごく一部です。

細菌より小さいのが、ウイルスです。ウイルスは遺伝物質（DNAやRNA）とそれを取り囲むタンパク質のカプシド（殻）からなる、数十ナノメートル（1ナノメートルは100万分の1ミリメートル）の大きさの粒子です。

宿主の細胞に寄生しその中で自己複製しますが、自分だけでは生きられないので「無生物」に分類されています。具体的に何が足らないかというと、ウイルス自身では体やエネルギーを作るために必要な「タンパク質」を作ることができません。タンパク質の合成は、リボソームという遺伝情報の「翻訳装置」が行いますが、ウイルスはそれを持っていないのです。

コロナウイルスを例にとって説明してみましょう（図1-7）。従来のコロナウイルスは風邪の原因として古くから知られています。大きさ（直径）は100ナノメートル（1万分の1ミリメートル）の球状で、スパイクと呼ばれるトゲが生えた膜に遺伝物質であるRNAが入っています（ちなみにこの膜は脂質でできていてアルコールに溶けやすいので、アルコール消毒がよく効くのです）。

体内に入ると、スパイクが宿主の細胞表面にあるタンパク質（ACE2受容体）と結合します。すると細胞にウイルスが取り込まれ、ウイルスの中の1本鎖RNAが出てきます。そのウイルスRNAは、宿主細胞のリボソームを使って自身を増やすためのタンパク質を合成します。例えばRNAを鋳型にして2本鎖RNAを作る酵素（RNA依存性RNA合成酵素）は宿主の細胞は持っておらず、自分のRNAを使って作ります。新型コロナウイルスの治療薬としても利用されているアビガンやレムデシビルなどの抗ウイルス

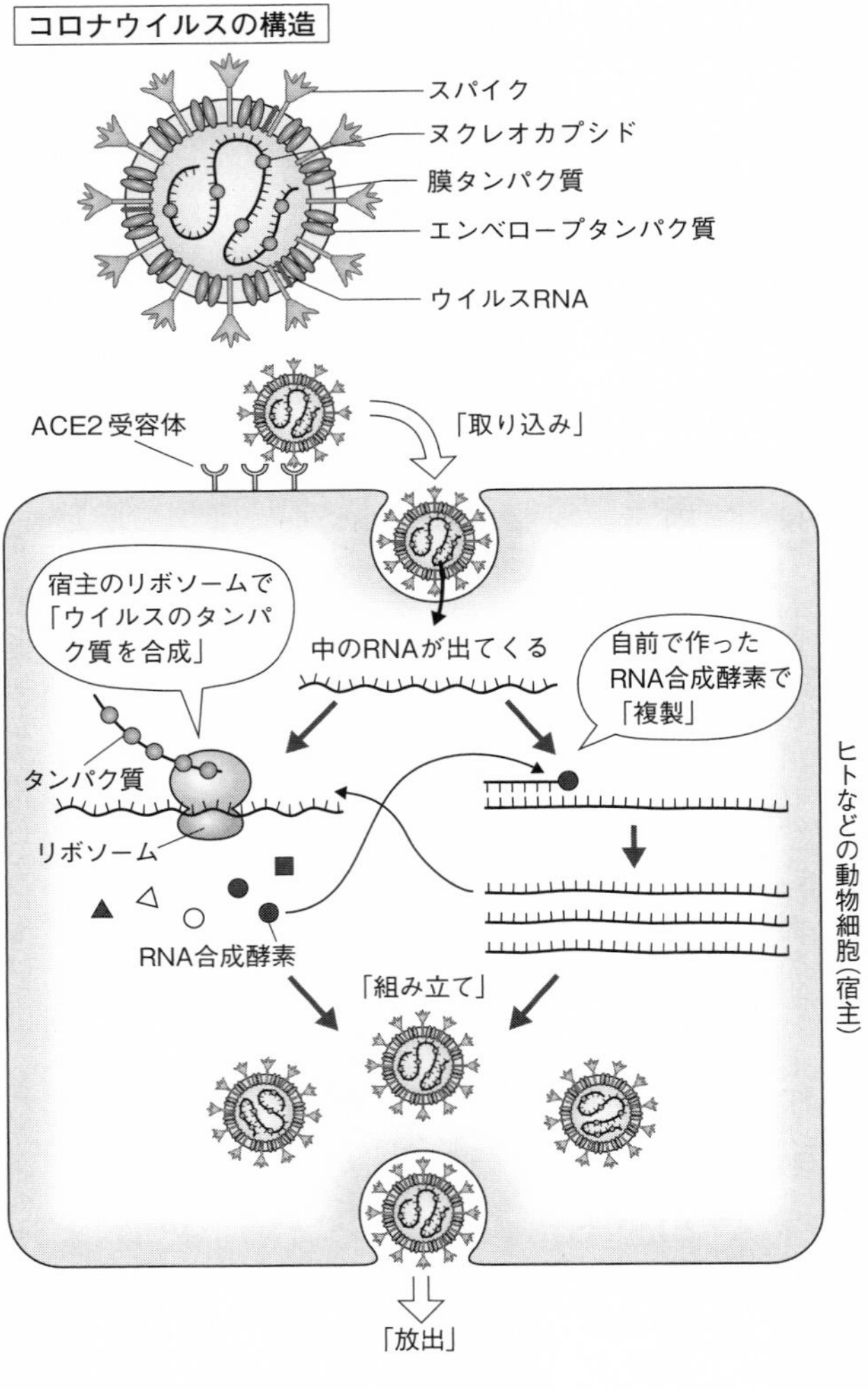

図1-7　コロナウイルスの感染メカニズム

薬は、この酵素の働きを阻害します。

宿主内で増えたRNAも、さらに宿主のリボソームを使って子ウイルスを作るためのタンパク質を合成します。こうして作られた素材を組み立てて、ウイルスは細胞内で数百倍にも増えていきます。そして、宿主の細胞の分泌作用を利用して細胞外に放出され、他の細胞に取り込まれたり、あるいは飛沫などで体外に拡散していったりするのです。

ウイルスは、自己を複製するということでは「生物的」ですが、細胞の外では増えることができず、なおかつエネルギーの消費も生産もしないという点では「物質的」です。地球に最初に現れた自己複製能力を持ったRNA分子は、ウイルスのようなものだったのかもしれません。

さて、ここまでをざっくりまとめると、生物と無生物の大きな違いは、単独で存在でき、それ自身で増えることができるかどうかです。

早く生き物になりたい!

ここで、話を生物の誕生に戻しましょう。

46億年前のできたての地球表面は、高温でドロドロと溶けていました。その後何億年という時間の経過とともに徐々に冷えてきて、核酸、タンパク質や脂質などの細胞の材料となる有機物が燃えてなくなることもなく、蓄積してきました。それらの中には、RNAとくっついて自己複製を助けたり分解を防いだりする働きを持つものも出てきました。そして、そういう「サポーター」を得たRNAがより生き残りました。

RNAとタンパク質がドロドロした塊（液滴《えきてき》と呼びます）を作るようになり、より材料と密着した生産効率の良い自己複製マシーンになりました。長い時間、偶然材料が近くに来るのをひたすら待つ「偶然の出会い作戦」から、周りに必要なものを集める「濃縮作戦」に変わったのです。おかげで「作っては分解して作り変えるリサイクル」が加速しました。

とはいえ、最初は自己複製マシーンには境界がなく、ドロドロした塊同士がただくっついたり離れたりしていただけでした。したがって、液滴内の材料となる分子の濃度が高ければ反応がたくさん起こり、薄まると複製効率が下がる、という不安定な状態だったと考えられます。

より安定に自己複製するためには、RNAとタンパク質や材料が、常に一緒にいることが必要です。そんなとき、さまざまな化学反応から、偶然に「袋」に包まれた液滴が登場しました。袋の中であれば、安定した環境で自己複製でき、有利だったと想像できます。今度は言ってみれば「囲い込み作戦」です。

液滴は化学反応が起こりやすい水溶性で、それを包む「袋」は水に溶けない油性です。このときの状態は、ちょうど二層に分離したセパレートドレッシングを激しく混ぜてできた乳液状の粒のようだったと考えられています。限られた材料を取り込んで、より効率良く自己複製する「有機物」の袋が、お互い集合と分散を繰り返し、徐々に効率良く自己複製する袋が増えて支配的になり、最初の細胞の原型になっていったのだと考えられます。

やがて袋に入ったRNAは、自らアミノ酸を繋ぎ合わせてタンパク質を作るリボソームのような装置に変貌しました。リボソームは、あらゆる生物の細胞の中に存在し、RNAの配列情報からアミノ酸を繋げてタンパク質を作る装置です。つまり、最初に登場した細胞が持っていたから、今の生物が全て持っているということになります。地球上の全ての生物が持っている重要な器官なのです。

生物の必須アイテム、リボソーム

現在のリボソームは、約80種類のタンパク質（リボソームタンパク質）と4本のRNA（rRNA／リボソームRNA）からなる巨大な複合体です。反応の中心を担うのはRNAです。リボソームタンパク質はRNA同士が離れないように接着剤のようにくっついており、主にタンパク質合成の開始と終結を調整します。そこに伝令RNA（mRNA／メッセンジャーRNA）という遺伝情報を写し取った比較的長いRNA分子がやってきます。次に、また別のRNA（運搬RNA、tRNA／トランスファーRNA）がmRNAの指定するアミノ酸を運んできて、それらをrRNAが繋ぎ合わせてタンパク質を合成します。このリボソームによるタンパク質合成のメカニズムが完備されて、ついに「細胞」の誕生となります（図1-8）。

お気づきのことと思いますが、細胞の必須アイテムであるリボソームのタンパク質合成反応にDNAは登場しません。ですので、反応性がより高いRNAが仕切っていた時代が最初にあったと考えられています。生命の歴史でいうと、その後、RNAよりも安定なDNAが遺伝物質として使われるようになりました。RNAとDNAは、材料となる糖の種類が違うだけで構造的にはほぼ同じです。

細胞誕生までの過程で、本当にこんなに都合のいいことが起こってきたのでしょうか。なかなか信じ難いのですが、現在地球に生物が存在するという事実、さらに地球上に残された化石や生物の痕跡から推察して、おそらくそうだろうということになっています。

生命が地球に誕生する確率を表すのに、こんなたとえがあります。「25メートルプール

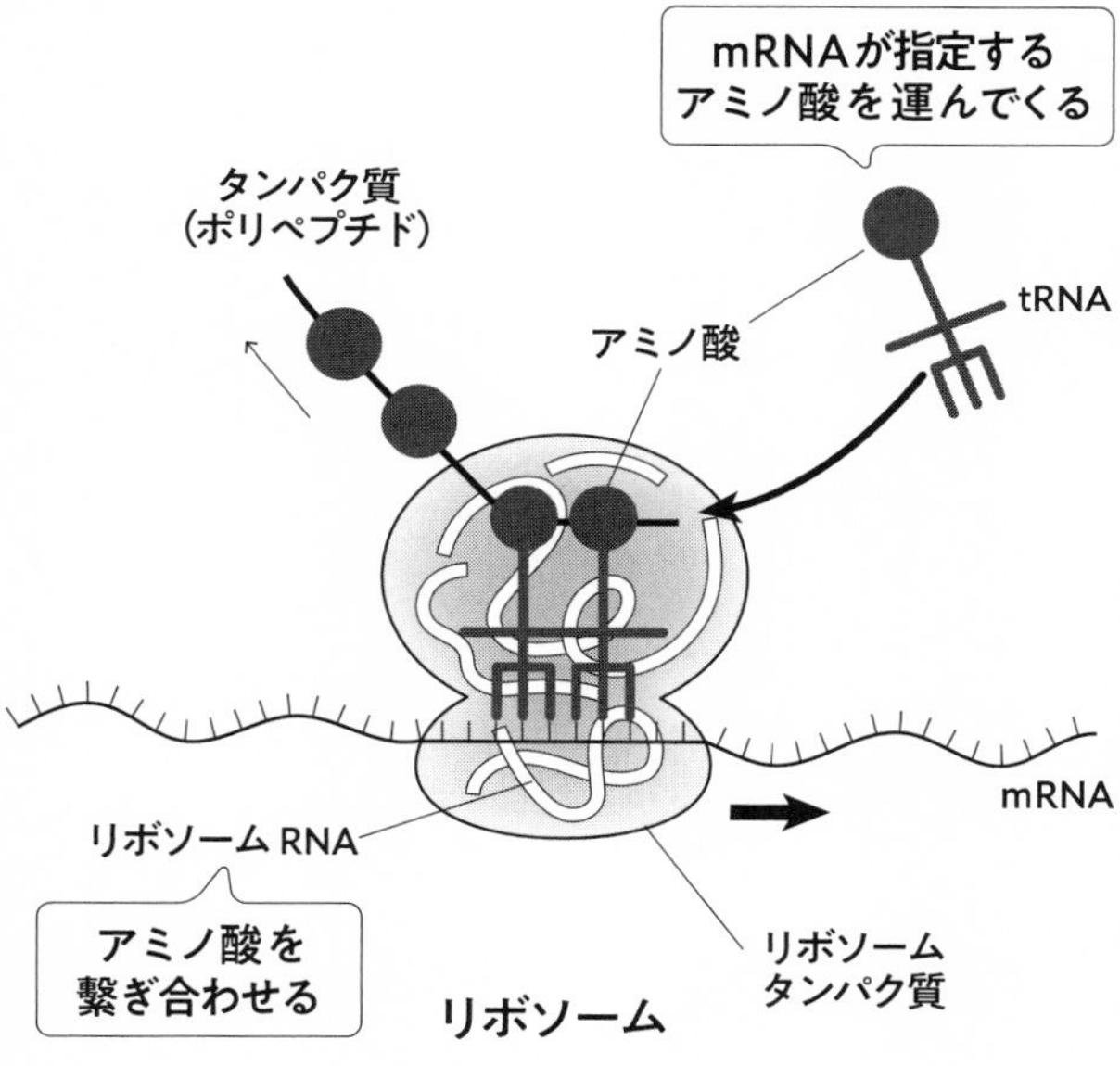

図1-8　タンパク質を作るリボソームの働き
mRNAが指定するアミノ酸をtRNAが運んできて、それをrRNA（リボソームRNA）が繋ぎ合わせてタンパク質を作っていく

にバラバラに分解した腕時計の部品を沈め、ぐるぐるかき混ぜていたら自然に腕時計が完成し、しかも動き出す確率に等しい」——そのくらい低い確率ですが、ゼロではなかったのです。

化学反応が頻発する可能性に満ちた原始の地球で、何億年という長い時間をかけて、低い確率、というか偶然、というか奇跡、が積み重なりました。そして何よりも、生産性と保存性の高いものが生き残る「正のスパイラル」が、限られた空間で常に起こり続けることで、偶然が必然となり、生命が誕生したのです。

生物の誕生は地球限定イベントか？

ウルトラマン世代の私は、子供時代に「大人になるまでに宇宙人が地球に攻めてくる。将来は地球防衛軍に入らなければ」と思っていました。夜空を見上げたら、同じように「あちら側」からこちらを見ている誰かがいると、疑っていませんでした。しかしあれから50年近く経ちましたが、なかなか攻めてくる気配はありません。人類のように高い文明を持った生き物は地球以外には存在しないのでしょうか？

その答えはノーです。まだ出会っていないので「絶対にいます！」とは言えませんが、逆にいないということを証明するのは不可能なので、「いないわけがない！」というのが、正しい答えでしょう。

宇宙にはおよそ10の22乗個（1000億の1000億倍）以上の恒星があると推定されています。これはざっくり言って、広い砂漠の砂つぶの数に匹敵する量です。恒星とは太陽のように燃えている、夜空に見えるいわゆる「星」です。高温で燃えているので生物はおそらくいません。生物がいるのは、その周りを回っている地球のような惑星です。惑星は、それ自体では光らないので見つけるのが簡単ではなく、その数は正確にはわかりません。

遠くの惑星を見つける方法の一つに、恒星を横切るときにできる星の「影」を捉えるというのがあります。しかし、惑星の影が地球から見えるのは、恒星と惑星と地球がほぼ一直線上に並んだときだけ。軌道次第なので、見つけるのは難しいです。

一つの恒星系にある惑星の数も、太陽系だと8個ですが、これは例外的に多く、惑星が1つも見つかっていない恒星のほうが一般的です。現在までに発見されている惑星は4400個程度で、恒星の数に比べればかなり少ないです。

宇宙人はいない!?

それでも、古くから地球外知的生命体を探すことは人類の夢でもありました。最初に科学的に行われた調査は、１９６０年に天文学者のフランク・ドレイクが行ったオズマ計画です。

オズマ計画では、電波をキャッチする電波望遠鏡を用いて地球外知的生命体（宇宙人）の探査を試みました。知的生命体は電波を通信手段として使っている可能性があるので、それを捉えてやろうというわけです。

ドレイクの試算（ドレイクの方程式）では、銀河系には約１０００億個の恒星があり、その中で予想される惑星の数、生命が発生する確率、文明を持つ確率、通信を行う確率、その文明が持続される期間などを加味して計算すると、電波を使えるような知的生命体の存在する惑星は銀河系に10個程度とはじき出されました（図１‐９）。結構ありますね。

ただこの式の中で、もっとも幅があり議論の余地が大きいのは、文明の持続する期間です。図ではGの「知的な生命体が通信を行える年数」に相当します。ドレイクは1万年と予想していますが、それが長すぎるのではないか、というのです。

人類は電波を使い始めてからわずか１００年の間に、二度の世界戦争をし、ものすごい勢いで環境破壊を進めました。とてもこのまま1万年もつとは思えません。仮に１０００年で人類のような文明を持った知的生命体は滅びる運命にあるとすると、今この時点で銀

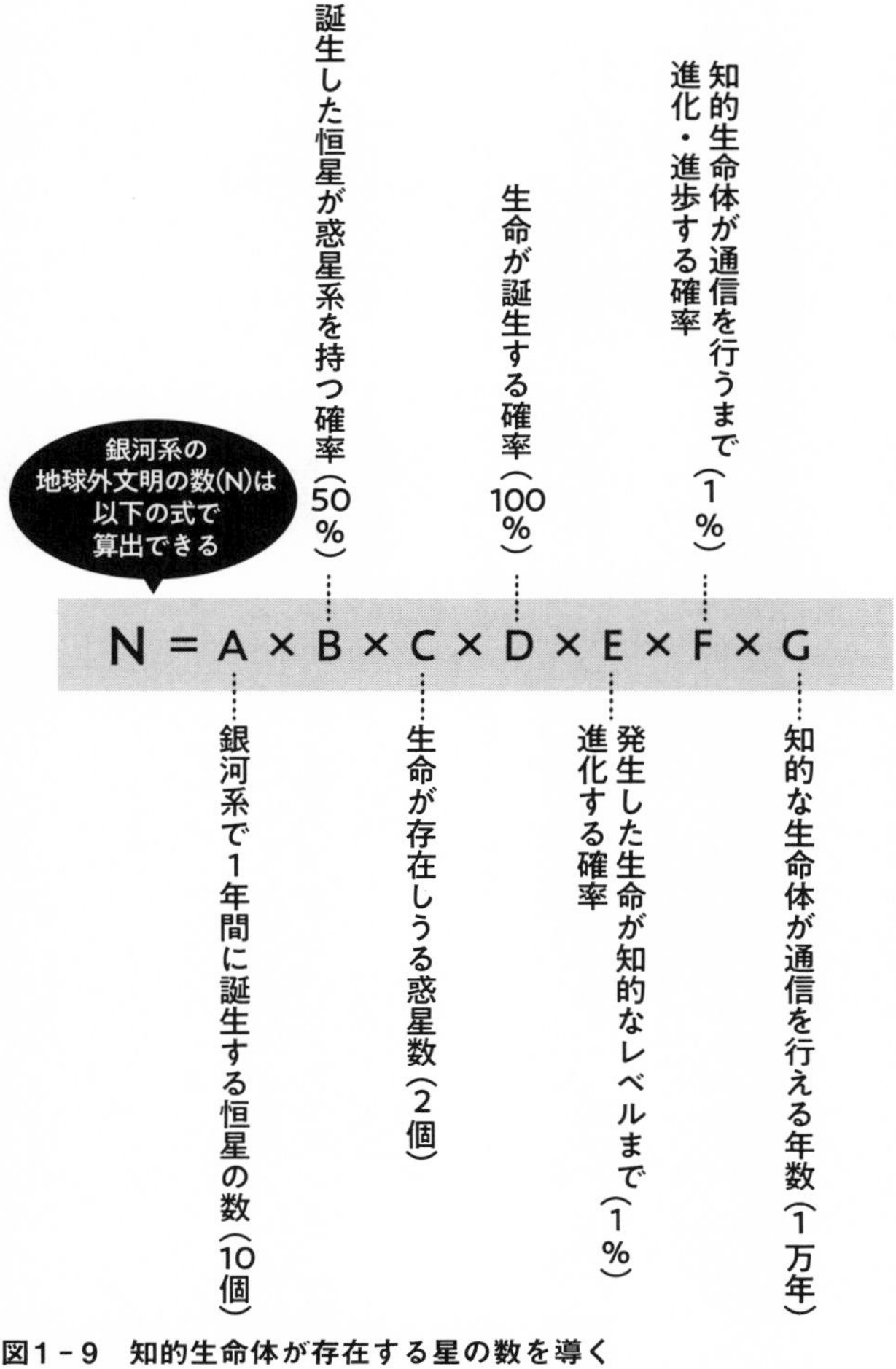

図1－9　知的生命体が存在する星の数を導く「ドレイクの方程式」

河系に知的生命体が存在する惑星数はほぼ「1」となってしまい、地球以外に1つあるかないかという寂しい値になってしまいます。

ドレイクの時代から天文学はかなり進歩しましたが、知的生命体の存在確率の予測にそれほど大きな違いは出ていません。つまり、人類のような知的生命体、いわゆる宇宙人に遭遇する確率はゼロに近いでしょう。もちろん、人類よりもっと科学的に進歩した宇宙人が地球を訪れる可能性が遠い将来にないわけではありませんが、それ以前に人類が滅びている可能性のほうがだいぶ高いのかもしれません。

知的生命体とまでは言わなくても、細菌のようなシンプルな生物の存在する可能性のある星の数はもっと多いと考えられています。銀河系だけでも、生物がいる可能性のある惑星は1000くらいあるのではないかと予測されています。

最近の研究で、土星の衛星であるエンケラドスに生命が存在する可能性が指摘されていますが、次に地球から近い星で可能性があるのは、太陽系の外にあるバーナード星という惑星です。ただし地球から6光年（光の速さで6年かかる距離）も離れているので、詳しく調査することは人類の科学技術では不可能でしょう。前に述べたケプラー1649cも候補の一つになりますが、300光年離れています。

つまり地球は今のところ、生物が存在する超レアな「奇跡の星」なのです。そして、そもそも地球に生物が存在する理由は、分子が変化し、よりよく複製する分子が選択される「正のスパイラル」にうまくハマったからなのです。

「奇跡の星」の歩き方

度重なるミラクルの連続により地球に生物が誕生し、まさに奇跡の星ができました。この奇跡の星はどのくらいの「価値」があるのでしょうか。客観的に分析してみます。

宇宙人（エイリアン）が地球を訪れることは現実にはほぼありませんが、もし、私たち地球人のやっているように、宇宙人が別の生命体を探していて、偶然にも地球を見つけたと仮定します。おそらく大興奮するでしょう。

ただし彼らは、人類にだけ注目するとはかぎりません。地球の環境や他の生物のほうにより興味を持つかもしれません。どちらかというと人類は、この奇跡の星の環境を破壊し、我がもの顔で立ち振る舞う「邪魔者」と思われる可能性だってあります。私たち人類ももちろん悪気はないのですが、生まれてからいつも周りにある環境に慣れすぎていて、その「ありがたみ」がわからなくなっているのでしょう。

さて、地球をやっとのことで見つけた宇宙人の目線で「地球の歩き方」を考えてみます。宇宙人の目には、ニューヨークの高層ビル街も岐阜県の白川郷《しらかわごう》も珍しさということでは同じくらいの価値のものとして映ることでしょう。いろんな形の家があり面白いですね、といった具合です。

芸術作品はどうでしょうか。人類の中でも、万人に認められるような作品、例えばモーツァルトの曲のような作品はそうたくさんはないので、ましてや彼らの好みに合うものがあるかどうかは微妙です。

それでは、宇宙人に受ける地球の一押しはなんでしょう？　私は確信を持って言えますが、他の無機質な惑星と違い、宇宙からの来訪者が一番関心を持つものは、何といっても多様な生物です。なぜ、かくもいろんな生き物がいるのだろうか。植物にしても動物にしても、目に見えない小さな生き物にしても、その種類は数え切れないほどです。

さらに、これらの多様な生き物がうまい具合に共存して、自然の風景に溶け込んでいます。例えば、オーストラリアのグレートバリアリーフの大サンゴ礁とそこに群れるカラフルな魚。アマゾンのジャングルに生息する色鮮やかな花・昆虫・鳥。熊野古道を演出する静かで重厚な森。島の岸壁にも海鳥がところ狭しと巣を作り、小さな池の水にも多種多様な微生物がいます。宇宙広しといえども、唯一無二の価値がある超一級の観光資源でしょう。心ある宇宙からの来訪者は、この環境は壊さないように、何も持ち帰らない、何も壊さないというルールを作り、静かに観察するだけかもしれません。そのくらい貴重で素晴らしい星なのです。

地球の美しさのひみつ

この生命の美しさに溢れる奇跡の星の源、つまり多様性の元となるものは何なのでしょうか。この問いは、実は本書の主題である「生物はなぜ死ぬのか」へと繋がります。

何が美しいと感じるかはもちろん人それぞれですが、大まかには普遍的な法則があると思います。その一つのヒントが、日本の美の象徴である「桜」です。

公式な記録としては、古くは平安時代、812年に嵯峨《さが》天皇の花見の記述がありま す。古事記にも桜の記述があることから、もっと以前からずっと愛されてきたのでしょう。中国から伝わった文化として梅を観賞する習慣はありましたが、桜を愛でる文化は日本固有のもののようです。注目すべき点は、お花見の習慣は儀式的なものではなく、小さな子供が桜の木の下ではしゃぐ姿、あるいは大人も毎年浮かれてしまう姿を見ても、かなり本能的なものだということです。

日本から始まった桜の観賞は海外にも広まっています。私が以前住んでいた米国ワシントンDCのポトマック川沿いには、日本が1912年にプレゼントした桜の並木があり、満開の時期には多くの人が桜を見に訪れます。さすがに木の下で宴会をしている人はいないのですが、日本人と同じように大勢の人が嬉しそうに写真をとっています。

ではなぜ、ヒトは桜に惹かれ、それを好み、美しいと感じるのでしょうか？　生物学的には、次のような説明が可能かもしれません。

それは「変化」です。ぱっと咲いてすぐに散る。満開の桜の花は「新鮮」の極みであり、生命の力強さに溢れています。桜以外でも同じことが言えると思いますが、ヒトは本能的に新しく生まれたものや変化にまず惹かれるのです。

地球はまさにこの新鮮さに満ちています。全てが常に生まれ変わり、入れ替わっています。先ほど挙げた「作っては分解して作り変えるリサイクル」というお話を思い出してください。このことを「ターンオーバー（turn over／生まれ変わり）」と言うことにしましょう。これが、本書の重要なポイントの1つ目となります。ターンオーバーこそが奇跡の星地球の最大の魅力です。

そしてその生まれ変わりを支えているのは、新しく生まれることとともに、綺麗に散ることです。この「散る＝死ぬ」ということが、新しい生命を育み地球の美しさを支えているのです。

第2章　そもそも生物はなぜ絶滅するのか

第1章では、〈そもそも生物はなぜ誕生したのか？〉という問いに対して、度重なる偶然（ミラクル）が起こり、より効率的に増えるものが生き残り、死んだものが材料を供給する「正のスパイラル」によって生命が誕生したということをお話ししました。そして現在の地球の美しさを支えるものは、ミラクルが重なることで生まれた多様な生き物が存在し、それらが常に新しいものと入れ替わる「ターンオーバー」でした。

この繰り返されるターンオーバーと多様性の形成を長い目で捉えると、「進化」と言うこともできます。言ってみれば進化が生き物を作り、この地球上の生命を支えているのです。「進化が生き物を作った」という視点は、本書の主題「生物はなぜ死ぬのか」に答えるための2つ目の重要なポイントとなるので、押さえておいてください。

そもそもなぜ多様な生き物が誕生するのでしょうか。実は、遺伝子の変化と絶滅（＝死）による選択が、その多様性を支えています。生物の絶滅と多様性というのは、真逆の現象のように感じられますが、長いスケールで見ると、深い繋がりがあるのです。本章では、進化という観点から、生き物が絶滅する意味について考えていきましょう。

「変化と選択」

前章で述べたように、最初はたった1つの細胞が、偶然、地球に誕生したと思われます。なぜ2つの細胞ではなく1つなのか。それは、偶然が重なってやっとできた生命なので、2つが独立に誕生する確率はもっと桁違いに低いだろうと考えられるからです。さらに、現存している生き物は、DNAを遺伝物質としてタンパク質を合成するといったシステムが共通しているので、元となったオリジナルの細胞は1つだと考えられます。

しかし、その最初に誕生した1つの細胞（生物）の周りには、たくさんの「試作品」的な細胞（のようなもの）がありました。それらの試作品は、惜しいところで細胞にはなれませんでしたが、もしかしたら別の環境では細胞として成立したかもしれません。原始の細胞は、徐々に存在領域を広げていき、その中で効率良く増えるものが「選択」的に生き残り、また「変化」が起こり、いろんな細胞ができ、さらにその中で効率良く増えるものが生き残る。この「変化と選択」が繰り返されました。

栄養（材料）の奪い合いを避けるため、集団から離れた細胞のほうが生き残りやすいという選択も働いたと想像できます。異なる場所でそれぞれ変化と選択が繰り返され、時間とともにいろんな場所で、その場所に合った特徴的な細胞が幅を利かせていきました。

例えば日の当たるところでは、光エネルギーを利用できる細胞が偶然現れ、周りを駆逐したかもしれません。あるいは水素ガスや金属イオンのたくさんあるところでは、それらの酸化エネルギーを利用して増えることができる細胞が支配的になったのでしょう。長い

「変化と選択」の繰り返しの結果、多様な細胞（生物）ができました。このような変化は、具体的には遺伝物質であるＤＮＡの変化として起こり、これを特別に「変異」と呼びます。

さてここまでは教科書などに書かれている生物学の一般的な内容です。実はこの変化（変異）と選択による生き物の多様化の本質を支えたものが、教科書ではあまり強調されていません。それは何かと言うと、生き物が大量に死んで消えてなくなる「絶滅」です。選択されて生き残った生物もそのまま安泰というわけではなく、そのうちに別の生物に取って代わられ、絶滅します。

死んだ生物は分解され、回り回って新しい生物の材料となります。先に挙げた1つ目のポイント、ターンオーバーです。新しい生物が生まれることと古い生物が死ぬことが起こって、新しい種ができる「進化」が加速するのです。たとえて言うなら、容赦ない生物界の〝リストラ〟が進化の原動力となっています。

DNAとRNA、似たもの同士が存在する理由

もう少し詳しく、分子レベルでの話をしてみましょう。生物の世界を牛耳る最大の法則は「進化」であり、それは「変化と選択」です。この「変化」の部分を担当するのは、ご存じ遺伝物質DNAです。

生物の授業で習ったことを思い出してもらうために、少し復習してみましょう。DNAは第1章で紹介したとおり（図1－4）、糖、塩基、リン酸がひも状に繋がっていてRNAとほぼ同じ構造をしていますが、含まれる糖の種類が違います。DNAは2本鎖のらせん構造をとりやすく、RNAよりも安定していて分解されにくい性質を持っています。逆にRNAは不安定な分、反応性に富んでおり、自己複製や編集をしたり、他のRNAやタンパク質などとも結合しやすい性質を持っています。

DNAのうち、遺伝情報を持っている部分を遺伝子と呼び、DNAが折り畳まれた構造を染色体と呼びます。

DNAという物質を遺伝情報たらしめているのは、塩基と呼ばれる化合物の並び順です。DNAの塩基には4つの種類（A：アデニン、G：グアニン、C：シトシン、T：チミン）があり、それら3つで1つのアミノ酸を指定します。例えばATG（アデニン、チミン、グアニン）と並んでいる場合は、メッセンジャーRNA（mRNA）と呼ばれるRNAにAUGと変換されて写し取られ、それがタンパク質合成装置であるリボソームでメチオニンというアミノ酸と結合した運搬RNA（tRNA）を呼び込みます。次々にmRNAが指定したアミノ酸がtRNAによって運び込まれ、繋げられてタンパク質が作

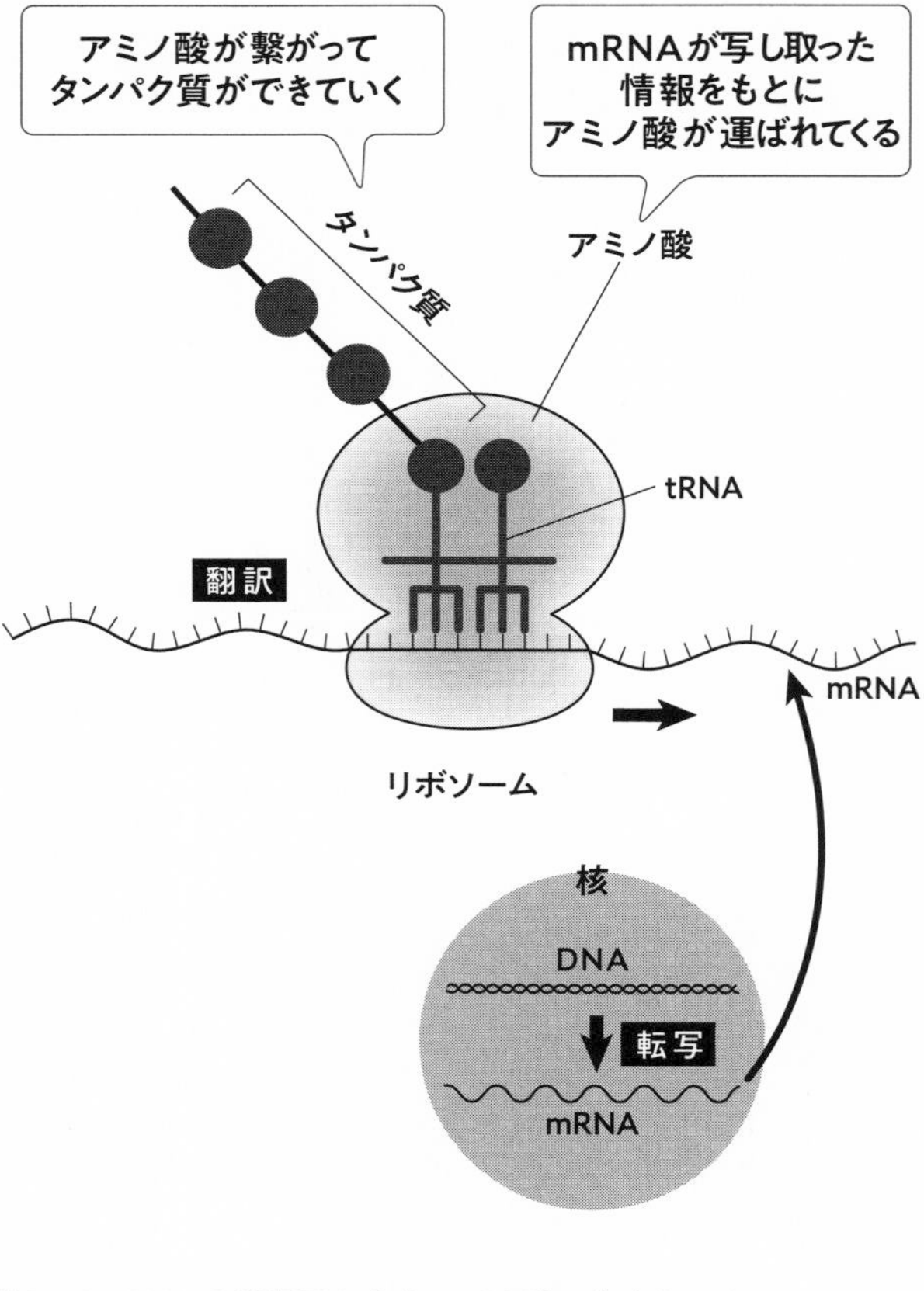

図2-1　DNAの遺伝子からタンパク質が作られるまで
細胞の核の中で、DNAの遺伝情報をmRNAが読み取ることを「転写」、その情報が指定するアミノ酸をtRNAが運んできて、リボソームの中でタンパク質が合成されることを「翻訳」と言う

られます（図2－1）。

そもそも、なんでDNAとRNAという2種類の似たような物質が存在するのでしょうか？　受験生から見たらめんどうくさいばかりですが、生命の誕生の歴史から見ると合理的な理由があります。

はじめは、壊れやすく反応性に富んだRNAが遺伝物質として使われたと考えられています。壊れやすいということは、「作り変えやすい」「変化しやすい」とポジティブに捉えることもできます。その壊れやすいRNAは、タンパク質と結合することで安定化されていたと推定されます。例えば、前に出てきたリボソームなどのようなものです（第1章図1－8、図2－1）。

また最近、細胞質やDNAを包む核の中にある「液相体」と呼ばれる、膜を持たない不定形な塊が注目されています。そのドロドロした塊は「非コードRNA」と呼ばれるタンパク質の合成に関わらないRNAと、これまたしっかりとした構造を取らないふにゃふにゃしたタンパク質から作られています。液相体の中で一番大きくて機能がよくわかっているのは「核小体」という核の中にある液相体です。これは核の容積の10％程度を占め、わかっている機能の一つはリボソームを組み立てる工場です。また細胞内のミトコンドリアの表面にくっついている液相体は、遺伝子のサイレンシングという転写を抑える働きをする小さなRNAの生産に関わっています。これら液相体はRNAが遺伝物質として細胞を牛耳っていた太古の名残かもしれません。

やがてRNAの糖が変化したDNAができました。DNAのほうが安定でしかも2本がくっついた二重らせん構造なので、より長い分子が維持できる、つまりたくさんの遺伝情報を持つことができます。そのため、RNAに代わってDNAが選択されて使われるようになったと推察されます。

メジャーチェンジからマイナーチェンジの時代へ

DNAはRNAと比べれば安定していますが、物質としてはどちらも脆弱です。例えば、太陽からの紫外線が当たると、チミン（T）が並んでいる配列ではお互いに強く結合してしまいます。そのままだとDNAの複製がそこで止まってしまいます。宇宙から飛んでくる放射線はもっと強力で、DNAをスパッと切断する威力があります。

また細胞は、炭水化物を燃やしてエネルギーを作り出しますが、そのときに出る活性酸素によってもDNAが酸化、つまり「錆びて」変質してしまいます。例えばグアニン（G）は2本鎖になるときにシトシン（C）とペア（対《つい》）を作りますが、酸化したグアニン（酸化G）はアデニン（A）とペアを作ってしまいます。つまりDNAの複製時に配列

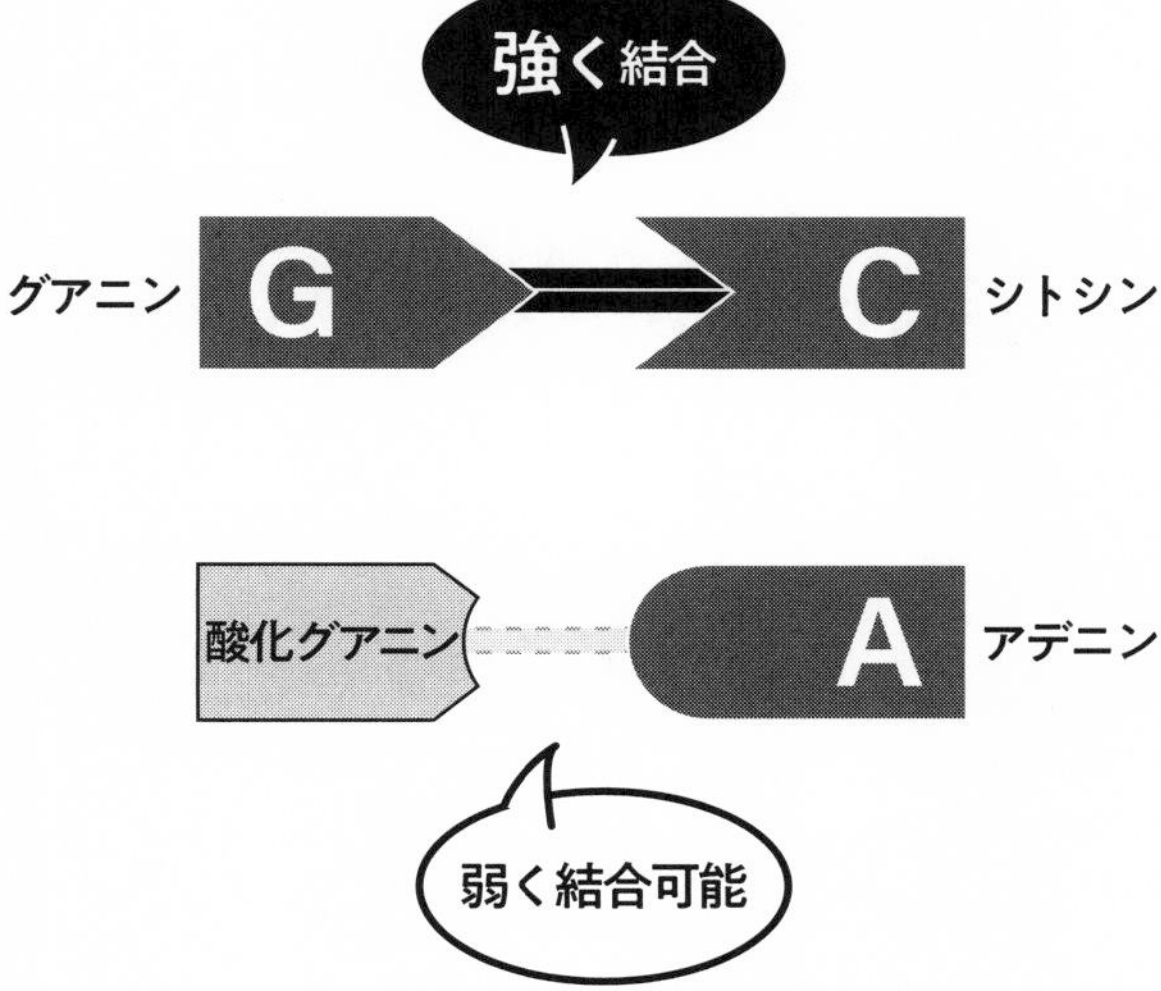

図2-2　酸化したグアニンはアデニンとペアを作れる

本来、グアニン（G）はシトシン（C）とペアを作って結合するが、酸化すると、アデニン（A）ともペアを作って弱く結合するようになるが変化し、遺伝情報が変わってしまうわけです（図2－2）。

このDNAの脆弱な性質は、生命誕生の初期に多様性を作るという観点では、プラスの面も大きかったことでしょう。しかし「正のスパイラル」が進行してきて、だんだん細胞の機能が複雑化してくると、細胞を一から作り変えるような全面的な変更では、効率の良い「増殖マシーン」を作りにくくなりました。それでDNAも壊れっぱなし、傷つきっぱなしというわけにはいかず、DNAを直す仕組みもできてきました。このときにDNAの2本鎖という性質が非常にプラスに働いたのです。1本が切れても、もう一方の鎖を手本にして、元に戻すことができるからです。

時代は、激しく変化する〝ガラガラポン〟（メジャーなチェンジ）の時代から、いい機能は残しつつマイナーなチェンジをする時代へと移っていきました。このマイナーチェンジの時代は今でも続いています。

最後のメジャーチェンジ その1――真核細胞の出現

ここまでの話は、地球に最初に現れた細菌（バクテリア）などのできごとです。細菌は「原核生物」と呼ばれ、核やミトコンドリアなどの細胞内小器官を持たないシンプルな作りの細胞です。現在もそうですが、そのシンプルさ故に細菌の増殖速度は他の生物に比べて並外れて速く、適応能力に優れ、地球上のいたるところに生息しています。

第1章でも述べましたが、地球環境の土台を作っているのは細菌です。時代はメジャーチェンジからマイナーチェンジへと移ってきたと言いましたが、原核生物に最後のメジャーチェンジ的な2つの変化が起きました。DNAの複製やリボソームによるタンパク質の合成といった細胞の基本はすでにできているので、「生命」という括《くく》りで考えればマイナーチェンジですが、原核生物にとってはかなり大きな変化です。

1つ目は、共生による「真核細胞」の誕生です。真核細胞は原核細胞とは違い、細胞は大きく、DNAは核に収納され、酸素呼吸を行うミトコンドリアや、あるものは光合成を行う葉緑体を持っています。何種類かの原核細胞が融合して作られました。

当初はいろんな組み合わせがあったと想像されますが、現在でも生き延びているのはミトコンドリアと葉緑体が共生したものです。ミトコンドリアは、もともと酸素呼吸を行うプロテオバクテリアという細菌でした（図2－3）。共生後も自前のDNAを維持しています。この共生のおかげで、現在全ての真核細胞はミトコンドリアを持ち、酸素呼吸が行えるようになっています。まさに細菌に支えられていますね。

一方、葉緑体はもともと光合成によって酸素と栄養を作るシアノバクテリアという細菌だったと考えられています。これが共生した細胞はやがて植物細胞となり、やはり光合成

プロテオバクテリアの取り込み
~20億年前

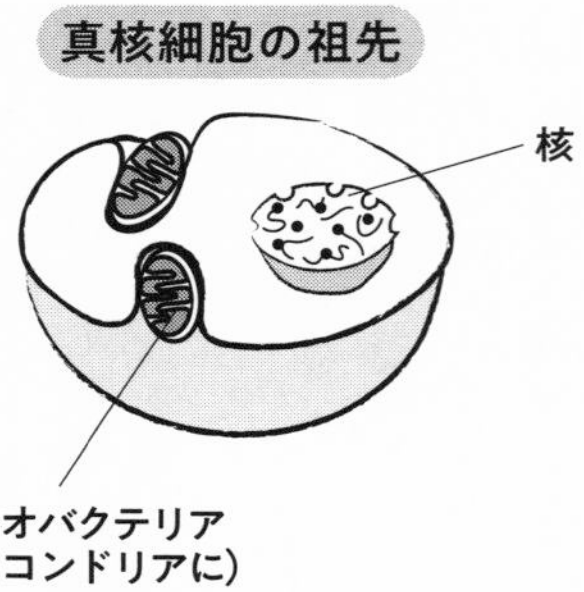

シアノバクテリアの取り込み
~10億年前

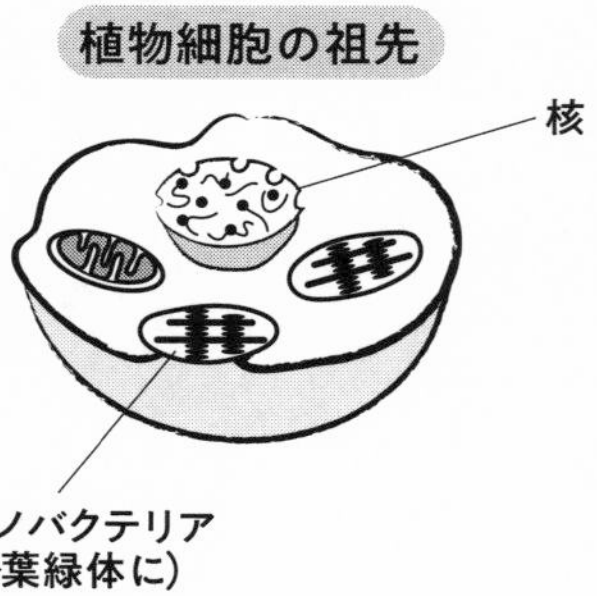

図2-3　細菌の共生によって真核細胞が作られた

によって光のエネルギーから養分を生産しています。光合成は大気中に酸素を放出するため、地表の環境を整えました。そして共生した細胞は、生存域をさらに広げていきました。現在も単細胞の真核生物（原生生物）として、皆さんご存じのゾウリムシやミドリムシとして生きています。

最後のメジャーチェンジ その2——多細胞生物の出現

これらの共生によって登場した真核細胞は、より効率良く栄養を作ることができるようになりました。ここで2つ目の「チェンジ」が起こります。それは多細胞化です。

地球全体の環境は、生物に優しい環境、つまり現在の環境に近づいてきました。細胞は、生活環境の違いで2つの分かれ道があったと推察されます。一つは昔とあまり変わらない環境にそのまま棲み続けて、そこから離れられなくなったもの。現在でも、例えば海底の熱水が噴出するような原始の地球に似た環境に生息する生物がいます。普通に考えればそんな熱いところにわざわざ棲まなくてもいいのにと思いますが、そうではなく、元々そういうところに棲んでいて、周りが変化して逆にその環境から抜け出せなくなり、大昔の姿のままで存在しているのです。進化の袋小路にはまったわけです。

もう一つは、同じ環境にとどまる競争には参加せず、あるいは参加したけど負けてしまって、他に追いやられた細胞です。これらは環境に合わせて多様な性質を獲得して生き延びてきました。実際には、そのようなサクセスストーリーではなく、本書的な言い方をすれば、ランダムに変化して、たまたまそこの環境で生き残ったというのが、より正確でしょう。

そのうちの一部は、先に述べたような、まずは共生に活路を見出し真核細胞となり、次に分裂で増えた細胞がそのまま塊（集合体）を作り寄り添って生活を始めました。最初は単なる塊だったのですが、やがてその塊の周りや内側などにちょっとした配置の違いが生じて、それぞれの細胞が集団の中で役割を持ち始めました。これが「多細胞生物」の始まりです。

現存する生物からも、当時の変化を推察することができます。クラミドモナスは、葉緑体を持ち光合成する緑藻の仲間で、ベン毛で水中を移動する単細胞真核生物です（図2－4）。クラミドモナスは1匹（単細胞）で暮らしていますが、これとよく似たテトラバエナは4つの細胞が集まり、ゴニウムは8個あるいは16個の細胞がゼラチン状の物質に包まれてくっついて生きています。ゴニウムが増殖するときには、それぞれの細胞が3回あるいは4回分裂して8個あるいは16個の細胞となり、それが独立して新個体となります。ですので、関係ない細胞が集まるわけではなく、分裂で増えたクローンが1つの個体を形成

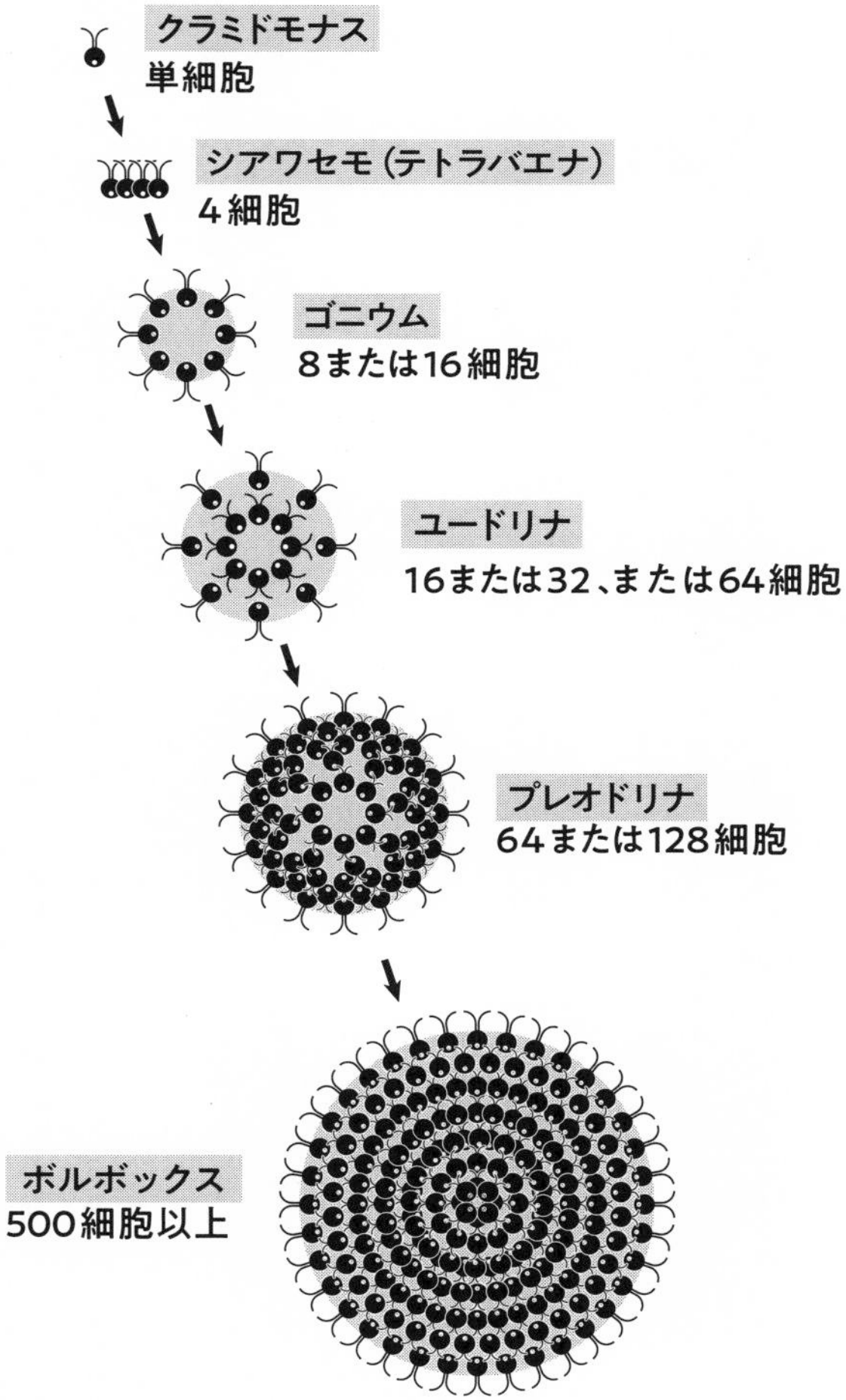

図2-4　クラミドモナスの多細胞化

しています。

ゴニウムまでは、特に細胞間の明確な役割分担はありません。単に分裂後も離れないで生きているだけのように見えます。しかしさらに進化が進んで登場したと考えられるボルボックスは、500個以上の細胞を持ち、内部には子孫を作ることに特化した生殖細胞も登場します。つまり、個体（集団）の場所によって細胞の機能が違うのです。

最近、ゴニウムのゲノム（つまり全遺伝子の配列）が決定されて、ボルボックスのゲノムとの違いが解析されました。その結果、興味深いことがわかりました。ヒトでは、がん抑制遺伝子として知られ細胞増殖を調整する遺伝子が、ボルボックスの多細胞化に関係していたのです。多細胞化には個体全体としての細胞数の調節が必要であり、この遺伝子がその役割を担っているのです。

「独占」から「共存」へ、そして「量」から「質」へ

いまお話しした2つのメジャーなチェンジによって、生物がさらに多様化していきます。生命の誕生から28億年後、つまり今から10億年前に多細胞生物が誕生して、その後、レゴブロックのブロックの数が増えるように細胞数が増え、多細胞生物の多様化がどんどん進んでいきました。細胞数が増えるといってもただ塊を作ればいいわけではないの

で、単純な丸形から、ひも形、左右対称な円柱形、海綿のような内と外がある円筒形など、少しずつ複雑化していきました。

ここで疑問に思うことがあります。そもそも、進化の途中段階の生き物の中には、なぜいまだに生きているものがあるのでしょうか。つまりどうして全てのゴニウムは、ボルボックスにならなかったのでしょうか。シーラカンスはなぜ、いまだに生きているのでしょうか。本書でお話ししている、私が勝手に決めた生物進化の第一法則「変化と選択」の「選択」が、なぜ完璧に起こらなかったのでしょうか？――これは生物の多様化を考える上でも非常に重要な問題です。

おそらく大部分の過去の生物は絶滅しましたが、中にはたまたま、「選択」を受けずに、生き延びたものがいたと考えられます。いわゆる進化の袋小路に入ってしまったのです。例えばシーラカンスがそれに当たります（図2－5）。地球環境が安定してきて、狭い生存可能な空間と少ない栄養源を奪い合う競争は緩和され、進化したもののみが必ずしも生き残るわけではなく、さまざまな生物が生きられるようになったのです。先ほど例に挙げた、海底の熱水が噴出する場所に現在も生きている生物も同様です。1つの生物種のみが生存する「独占」から「共存」へとパラダイムシフトが起こりました。

生き物の種類が増えると、さらにそれらが他の生き物に生活の場を提供したり、あるい

図2-5　進化の道筋をたどれる「生きた化石」が
たくさん存在する

上から順に、シーラカンス（標本）、カブトガニ、オウムガイ。いずれも、数億年前からこの姿を変えずに生息しているは餌になったりします。それまでは、ビッグバンからの地球が誕生したときのエネルギーに支えられた生命活動が、生物自身が生きるためのエネルギーや環境を作り出すようになりました。多様な生物の誕生は、生物間の関係性を強め、新たな生活環境を作り出し、さらに多くの生き物の生存を可能にしました。これが「生態系」の完成です。

強い光に適応した植物は、その陰に弱い光に適応した植物を育てます。その下には、暗くじめじめしたところを好む生き物が棲み着きます。木の実は昆虫や動物に栄養を与え、それらの糞は微生物の餌となり、また木の栄養に戻ります。いろんな生物が共存できる環境が整ったわけです。生育する効率によって絶滅するか生き延びるかが決まっていた生命誕生時代の「量」のステージから、どうやって生き延びるかという「質」のステージへと変わっていきました。それが現在の地球でも続いています。

現在の地球は、過去最大の大量絶滅時代

実は現在、地球は生物の大量絶滅時代に突入しています。私たち人間も含まれる哺乳類だけ見ても、ここ数百年で80種が絶滅しています。２０１９年の5月に生物多様性と生態系の現状を科学的に評価する国際組織ＩＰＢＥＳ（「イプベス」と読みます）が、今後の予測を報告書にまとめました。それによると、地球に存在する推定８００万種の動植物の

1	古生代	オルドビス紀〈約4億4400万年前〉	生物種の約85%が絶滅	原因 海中の有毒金属の増加？
2	古生代	デボン紀〈約3億7400万年前〉	海生生物を中心に、生物種の約80%が絶滅	原因 大規模火山噴火？
3	古生代	ペルム紀〈約2億5100万年前〉	生物種の約95%が絶滅	原因 海岸線の後退、火山活動など？
4	中生代	三畳紀〈約1億9960万年前〉	生物種の約75%が絶滅	原因 大規模火山噴火？
5	中生代	白亜紀〈約6650万年前〉	恐竜など、生物種の約70%が絶滅	原因 隕石の衝突？

図2-6　過去5回の大量絶滅

うち、少なくとも100万種は数十年以内に絶滅の可能性があるそうです。そのペースは、これまでの地球史上最高レベルです。

過去、地球には5回の生物の大量絶滅がありました（図2－6）。もっとも最近の大量絶滅は、約6650万年前、中生代白亜紀末期の大絶滅です。恐竜など生物種の約7割が地球から消え去りました。さらに遡って古生代末期（2億5100万年前）には、なんと生物の約95％が絶滅したと言われています。これらはいずれも、隕石の落下や火山の噴火などの天変地異が原因と考えられています。現在進行中の大絶滅は、申し訳ないことに人類の活動が原因で引き起こされています。隕石の落下級以上のダメージを人間が地球に与えているのです。

例えば、森林や干潟の破壊。よく知られているものにインドシナ半島の例があります。インドシナ半島では20世紀の終わりに森林面積が半分以下に減少しました。農地や木材の利用によるものです。干潟は、ご存じのように日本でも多くが埋め立てられており、特に高度成長期の沿岸部の埋め立て事業によって約40％減少しました。干潟を含めた沿岸部は、生物種の特に多い場所で、「海のゆりかご」と言われ、生態系のバランスを保つ上で重要な場所です。干潟の減少は、海に棲む生き物ばかりでなく、鳥や魚を食べる生き物など多くに影響を与えます。

また干潟の土中生物は、ヒトが排出するものも含めて生物の糞や死骸などの有機物を分解し、農作物に肥料として与える窒素やリン、栄養塩類や二酸化炭素も吸収し、代わりに酸素を供給するなど「天然の浄化槽」としても重要です。これら干潟などの環境の改変が生物の生存に影響を与えるのは当然のことなのです。地球規模では、二酸化炭素による温暖化などの環境の悪化も然りです。

この辺まではよく耳にする話です。ただ、生物の多様性が減少するとどうなるのか、あるいはどのくらいまで減少しても問題ないのか、ということについてはあまりよく知られていません。理由は簡単で、このような大量絶滅を私たち人類がこれまで経験したことがなく、研究者でさえも何が起こるかよくわからないからです。そのため各国の政治家や企業の経営者はどのくらいの危機感を持てばいいのかわからず、政策や企業の方針に大きな影響を与えることができないのです。

そもそも多様性はなぜ重要か

しかし、「これから先はどうなるかわかりません」では、私たちの子孫に対しても、そして私たちを育んできた地球に対してもあまりにも無責任なので、できる限り想像力を働かせて考えてみましょう。

先ほど、多様性の意義として、生物が他の生物の居場所を作り食料も供給するという話をしました。さまざまな種が存在して生態系が複雑であればあるほど、ますますいろんな生物が生きられる、正のスパイラルがここでも働いています。そしてこのような複雑な生態系は、環境変動などに強いと考えられます。たとえば、A種が絶滅したとしても、それと似た生活スタイル（専門用語で「ニッチ」と言います）を持つ生物が代わりをするので、大きな問題は起こりません。絶滅で生じるロス（喪失）が生態系に吸収されたわけです。健全な生態系のバッファー効果（緩衝作用）と言ってもいいかもしれません。

しかし、大量絶滅の場合は話がかなり違ってきます。たとえばヒトの活動の影響で生き物の10％が絶滅したとします。これは、ＩＰＢＥＳの報告の数十年以内に起こりうる数値の上限です。これだけ多量に、しかも急激にいなくなると、似たようなニッチの生き物が抜けた穴を補うことがもはやできなくなります。そうすると、それら絶滅した生き物に依存して生きていた生き物も絶滅するかもしれません。さらに、それらに依存していた生き物も絶滅します。このようにドミノ倒し的に、あっという間に多くの生物が地球から消えてしまいます。すでにダメージを受けて種数が減少しているバッファー効果の弱い生態系では、ほんの数％がいなくなっただけでも、このドミノ倒しが起こると想像できます。動植物

植物も然りです。植物の受粉に関わる昆虫がいなくなると、大打撃を受けます。動植物

が減少すると、その死骸を栄養にして土の中に生きている分解者である微生物も減少します。人類ももちろん例外ではありません。人類は「知恵」を使って生き延び、絶滅することはないかもしれませんが、深刻な食糧不足は避けられないでしょう。逆に「知恵」の使い方を間違うと、不足している食料を巡って戦争が起こるかもしれません。そうしたら一巻の終わりですね。いずれにせよ、多様性の低下は悲惨なことになるのは間違いないようです。

大量絶滅の後に起こること

もちろん私は生物学者としても、一人の地球市民としても、人類の活動の結果引き起こされる多様性の低下、さらにそこから引き起こされる大量絶滅は、絶対に避けるべきだと考えています。大量絶滅は、人類にとっても地球にとっても、不幸以外の何ものでもありません。人類の叡智に期待しながら、私自身も最善を尽くそうと思っています。

とは言っても、手遅れになるまで気がつかない可能性もあり、先に述べたような最悪の大量絶滅後のシナリオも考えておくべきでしょう。実際に、環境学の研究者の中には、すでに手遅れであり、環境破壊をいますぐやめても自然に元には戻れないレベルまできていると諦めている方もいます。しかし、これはもうダメだと諦めるのではなく、積極的に元に戻す努力が必要だと思います。技術革新にも期待しつつなんとか環境破壊を食い止める努力はするとして、では次に最悪のシナリオとして、仮にこのまま大量絶滅が起こった場合、その後に地球に一体何が起きるのか――ここでは、生物学的見地に立って少し考えてみましょう。そこに死の意味を考えるヒントが隠されているのかもしれません。

先ほどお話ししたように、地球に多細胞生物が誕生した10億年前から、5回の大量絶滅が起こったとされています。大量絶滅が起こると、その後に生物相が大幅に変化するため、「●●代」という地球史の年代名（地質年代）が変わります。例えば、種の約95％が絶滅した2億5100万年前の古生代末期ペルム紀の大絶滅の後には、大型爬《は》虫類《ちゅうるい》の恐竜が誕生し、「中生代」が始まりました。中生代には小型の哺乳類、鳥類も誕生して、現存する生物の基本型がこの時期に揃いました。

また先に触れたとおり、もっとも最近に起こった大絶滅は6650万年前、中生代末期白亜紀です。生物種の約70％が地球上から消えたとされています。恐竜も絶滅したのでご存じの方も多いと思います。当時のことを、あくまでも推定ですが、少し詳しく見て参考にしてみましょう。

大絶滅の原因は、メキシコ、ユカタン半島に落ちた巨大隕石と言われています。そのときの様子は、このように考えられています。

衝突の影響で大規模な津波や火災が発生。急激に地球の環境が変化しました。粉塵や有毒ガスが大量に発生し、数ヵ月から数年にわたって黒い雲が空を覆いました。気温も下がりました。降り注ぐ雨は酸性化し、川に海に大地に容赦なく降り注ぐ――その結果、まず植物が減り、大量の食料を必要とする大型の恐竜や昆虫などが死んでいきました。そして次に温暖化が進み、さらに多くの種が絶滅に追いやられたのです。

生き延びたのは小型の生物です。彼らは恐竜の死体などからも栄養を得て、体が小さい利点を生かし、穴の中などで寒さ暑さをしのいでいました。その中には私たちの祖先である小型の哺乳類もいました。彼らに新たな進化のチャンスが訪れ、新生代、つまり現代の幕が開きました。

絶滅による新たなステージの幕開け

専門用語で「適応放散」と言いますが、恐竜などに占められていた生活場所（ニッチ）に、別の生き物が時間をかけて適応・進化してその場所で生活できるようになります。例えば爬虫類でもトカゲのような小型のものは、食料不足に比較的強く、さらに小型化して生き残りました。また中生代白亜紀に爬虫類から進化した鳥類は、食料の探索能力が高かったため、やはり生き残りました。つまり小型の生き物は、大型の爬虫類がいなくなり、気候が安定したあとには逆に生きやすくなったのです。

恐竜の時代にはひっそり暮らしていた小さな哺乳動物も、気候の変化に比較的強く、生き残ることができました。さらに、恐竜という天敵がいなくなったことで、新天地で多様化・大型化が急速に進みました。

あとで詳しくお話ししますが、人類の祖先も、この頃に誕生したネズミに似た夜行性の生き物だったと考えられています。ただ、樹上生活をしていたので、枝に摑まるためにネズミよりは手が大きかったようです。

哺乳類は爆発的に増えたのち、やがてその中で競争が起こり、さらに適したものが生き残って増える「変化と選択」により、瞬く間に多種多様な哺乳動物が現れました。サルの仲間である霊長類も現れました。つまり、恐竜をはじめ多くの生き物が死んでくれたおかげで、次のステージ、哺乳類の時代へと移ることができたのです。絶滅による進化が、新しい生き物を作ったというわけです。

こうした流れから考えると、このときの大量絶滅は人類にとっては決して悪いことではなかったと考えられます。隕石様様ですね。現在進行中の絶滅の時代も、同様に新しい地球環境に適応した新種が現れて、地球の新しい秩序ができ上がっていくのでしょう。ただこれは数百万年もかかる変化で、私たちの子孫がそこにいるかどうかも、わかりません。絶滅した恐竜のように、そのときにはいないかもしれませんし、恐竜から進化した鳥が生き残ったように、主役から脇役に変化した「元人類」が別の生き物としてひっそりと生き残っているのかもしれません。そして何よりも、絶滅の連鎖が進行していく過程はかなり悲惨です。私達の子孫の行く末は心配です。

ヒトのご先祖は果物好きなネズミ?

過去の絶滅の話に戻ります。6650万年前の中生代までは隅っこに追いやられていた哺乳類ですが、恐竜が絶滅してくれたおかげで、食料と生きる空間を急速に拡大しました。中生代から新生代、そして現在までのヒトのご先祖様たちの盛衰を振り返って、今後の私たちの運命をもう少し詳しく予想してみましょう。

これから紹介するのは基本的に化石の研究での推定であり、諸説ありますが、ざっくりこんな感じで現代人が登場したと考えられています。

始まりは、現在も東南アジアなどに生息するツパイ(図2-7)のようなネズミに似た小さな夜行性の哺乳類でした。特徴は、ネズミよりも体の割には脳と前足が大きいこと。虫や葉っぱを食べながら敵のいない木の上で生活していました。

樹木の上でもある程度大型化できましたが、恐竜がいなくなった新生代には、夜行性で

iStock.com/michael meijer

図2-7　人類の遠い祖先？　ツパイ

ある必要がなくなり、変化して昼行性になりました。昼行性のほうが色鮮やかな果実を見つけやすく、さらに行動範囲を広げることもできたので、都合がよかった、つまりそういう性質をたまたま持ったものが選択されて子孫を多く残せたのです。果実を豊富にとることができるようになり、この頃に霊長類の祖先は、体内でビタミンCを作る遺伝子を偶然失いました。果実からビタミンCを多量に摂取するようになり、体内で作る必要がなくなったので当時は特に問題はありませんでした。

一方、目の色覚に関する遺伝子は1つ増えました。夜行性の時代には2色色覚（赤と青）の2つの遺伝子のみでしたが、赤を認識する遺伝子（Ｌ遺伝子）が遺伝子増幅（同じ遺伝子が2回複製される現象）によって2つに増え（図2-8）、増えた1つが変異を起こして全体の4％が変化し、緑の波長に反応する遺伝子になりました。

おかげで色覚が向上し、果実がより見つけやすくなったと想像されます。実際には、遺伝子増幅も変異も、もっといろんな変化がありましたが、このような緑色を認識する遺伝子が残ってきたのです。このように、身体の変化は、まずＤＮＡに起こるのです。

ここで少し横道に逸れますが、ヒトの色覚の多様性についてお話しします。この2つ並んだ赤と緑の色を認識する遺伝子ですが、このような非常に似た遺伝子はその間で「相同《そうどう》組換え」という配列の交換を起こします。相同組換えは本来傷ついたＤＮＡを修復するための機構です。例えばＤＮＡが放射線などで切れると、そこを元に戻すために、切れた部分と「相同な」ＤＮＡ配列を探し出し、それをコピーして元の配列を復活させます。全く同じ配列がない場合、似たような配列があると、それをコピーしてしまいます。ですので、この赤（Ｌ遺伝子）と緑（Ｍ遺伝子）の間では組換えによる配列の交換が起こりやすいのです。

例えば両方ともＬ遺伝子になる、あるいはＤＮＡの複製が終わって2本になった姉妹染色分体の間でずれて組み換えてＭ遺伝子が消えてしまう場合があります。そうすると、赤

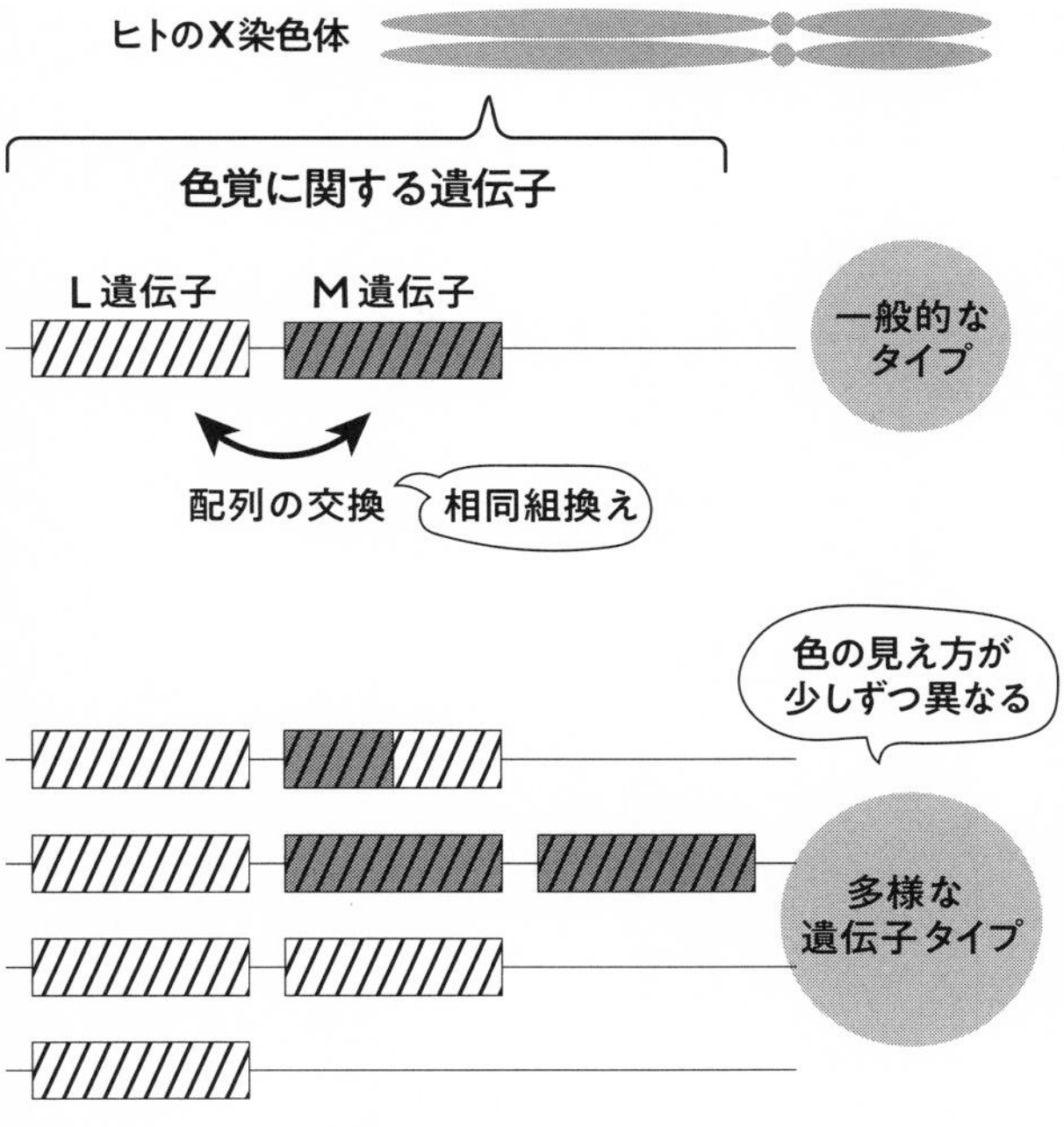

図2-8　色覚の遺伝子は変化しやすい
赤を認識するL遺伝子と緑を認識するM遺伝子は、隣り合っていてよく似ているため、相同組換えが起こりやすい

と緑の区別がしにくくなりますが、その分明暗がわかりやすくなり、暗いところではよく見えるという利点もあります。あるいはM遺伝子がさらに変化して、より詳細に色の判別ができるようになるかもしれません。これらの違いは「色覚の多様性」と言うことができます。ヒトの色の見え方は文字通り「色々」なのです。色彩豊かな絵を描く人は、実際にそのように見えているのかもしれませんね。

絶滅によって支えられているもの

話を元に戻します。このような変化と選択による進化は、後から現代の研究者が推察して考えたストーリーです。実際にはそんなに簡単ではありません。最低でも数十万年、霊長類のご先祖様の小型哺乳類の世代交代にかかる時間を5年と仮定すると、数万世代の時間をかけて、その間に多くの個体が生まれて死んで、やっと成し遂げた変化なのです。

より細かな色覚を手に入れた昼行性の霊長類の一派は、その後、分かれ道に差し掛かります。一つは、そのまま樹上で生活し森の王者を目指す道。もう一つは、地上に下りる道です。この選択には、地理的な条件が大きく影響したはずです。

霊長類はアフリカで誕生したと考えられていますが、大きく2つのグループに分かれて進化しました。当時、アフリカと南アメリカは今よりも接近していました。現在のアマゾン流域に移り棲んだ霊長類のグループは、密林の中で進化しましたが、結果的には木の上という隔離された空間で、大きな変化はありませんでした。

これに対して、アフリカに残った霊長類は、地球規模の気候の変動、砂漠の拡大により森林が減少し、木から下りざるを得ない状況に追い込まれました。しかしそれは簡単なことではありません。地上には肉食獣がうようよしており、木から下りたサルはいい標的となってしまいます。絶滅してもおかしくないレベルの危機だったことでしょう。

しかし幸運なことに、ここでも多様性のおかげで、逃げ足が速いか隠れるのがうまい「賢いサル」が、多少なりとも生き残ることができました。この「油断したら襲われる状態」が数百万年続き、生き残った個体がヒトへと進化したのです。

このように、結果から過去のストーリーをたどると綺麗に聞こえますが、実際には多様性の中での大多数の個体の死があって徐々に変化してきました。別の言い方をすれば、多様な個体が多様な集団を作り、多くが絶滅する中でたまたま生き延びた集団があったというわけです。

そしてその環境から、また新たな生物の多様性が生まれていきます。この「多様化 - 絶滅」の関係、言い換えれば「変化 - 選択」のサイクルのおかげで、私たちも含めた現存の生き物が結果的に誕生し、存在しているのです。これはつまり、ターンオーバーに次ぐ、本書の2つ目のポイントである「進化が生き物を作った」ということですね。生物を作り上げた進化は、実は〈絶滅＝死〉によってもたらされたものです。

第3章　そもそも生物はどのように死ぬのか

ここまでの話を一旦まとめると、この本のタイトルである「生物はなぜ死ぬのか」を考える上で、生き物を「進化が作ったもの」と捉えることがまず大切です。その説明として、生命の誕生と多様性の獲得に、個体の死や種の絶滅といった「死」がいかに重要だったかをお話ししてきました。つまりここから言えることは、「死」も進化が作った生物の仕組みの一部だということです。

自分を作ったのは親で、その親を作ったのはそのまた親で……とたどっていくと、最後は地球に誕生した最初の細胞に行き着きます。「進化が生き物を作った」という命題は、結果（現在）から原因（過去）まで遡った考え方で、ある種のサクセスストーリーとなります。しかし、実際には目的（ゴール）があって進化したわけではありません。多様な「種のプール」があって、それらのほとんどが絶滅、つまり死んでくれたおかげで、たまたま生き残った「生き残り」が進化という形で残っているだけです。

では、現在生き残っている生き物は、そもそも「どうやって」死ぬのでしょうか。生き物が「なぜ」死ぬのかという問いに迫るために、本章では、進化の本質である生き物の選択——つまり「死」そのもの、生物によって異なる死という現象について考えてみます。

食べられて死ぬという死に方

生き物の死に方には大きく分けて2つあります。一つは食べられたり、病気をしたり、飢えたりして死んでしまう「アクシデント」による死です。大きいものでは、恐竜が絶滅した原因と考えられている隕石の衝突、そしてそれによって引き起こされた大規模な気候変動などがあります。もう一つの死に方は、「寿命」によるものです。こちらは、遺伝的にプログラムされており、種によってその長さが違います。

どちらで死ぬ可能性が高いかは、その種や生活環境によっても異なります。一般的に自然界では、大型の動物は「寿命死」が多く、小型は「アクシデント死」によるものが多いです。小型の生き物は、「アクシデント」の中でも、被食、つまり食べられて死ぬことが多いというのはご想像の通りでしょう。そのため小型の生き物は、食べられにくくなるか、ある程度食べられても子孫が残せるくらいたくさんの子供を産む個体が生き残ってきました。

例えば、ここまで似せる必要があるのか、というくらいに実際の生き物とはかけ離れた形に擬態した昆虫などがいます。図3-1は我が家の近所にいた木の葉に似せたガ（アケビコノハ）です。こんな形の羽では生活するのが不便そうですが、その不便さよりも捕食されるリスクのほうが大きかったため、この形のものが生き残れたのでしょう。

ここで改めて強調したいことは、いきなりこのような形になったわけではないということ

撮影：小林朋弘

図3-1　木の葉にそっくりな「アケビコノハ」

とです。まずは小さな変化が起こり、多様な種ができて、その中で擬態のクオリティが少しでも低いものは、動きにくい上にすぐに見つかってしまうので選択的に食べられて数を減らします。相対的に少しでも食べられにくいもの、つまり葉っぱに似たものが生き残ってきたわけです。

食べられることを想定して、過剰な卵を産んで子孫を残す戦略の生き物もいます。魚類はその代表例です。マグロは、食べてくれと言わんばかりに100万個もの卵を海にばらまきます。その中で成魚になって子孫を残すまでに成長できるのは、わずか数十匹です。現時点で考えると壮大な無駄のような気がしますが、これもいきなりこうなったわけではなく、卵の数が少ない種は絶滅しやすく、徐々に卵の多い種が生き残って進化してきたのです。

食べられないように進化した生き物

この「食われて死ぬ」ことも重要な進化の推進力だと考えると、生き物の不思議な産卵行動も説明できます。ウナギはなぜ何千キロメートルも旅して、わざわざ深海まで行って産卵するのでしょうか。ヒト目線で考えると、もっと近くで産んでくれれば、卵や稚魚が得やすく養殖などがしやすいのにと思う方もいると思います。遠くまで旅する理由はおそらく、近くで産卵する種から順に絶滅して、捕食者のより少ない遠方まで徐々に移動距離を延ばしていった結果、ついに深海までたどり着いてしまったと想像できます。

深海とは逆ですが、サケはなぜわざわざ大変な思いをして川の最上流まで遡って産卵するのでしょうか。もうおわかりのことと思いますが、最上流の浅いところは、卵や稚魚を食べる捕食者（魚）が比較的少なく、河口よりも安全だからです。そしてわざわざ生まれた川に戻る理由は、その川には大きな滝や遡上の障害となるものはなく、最上流まで遡れることを自身の幼少期の経験として知っているからです。知らない川では、上流がどうなっているのか河口からではわかりませんからね。

そのために、サケは生まれた川の水の匂いを長年記憶しているのです。このすごい能力も、突然備わったわけではなく、記憶力の悪い種は川を間違えてしまい、生き残れなかったと推察できます。このような捕食が牽引《けんいん》する進化も、選択によって生き残るための候補となる「多様な種が存在する」ということが、前提条件として必要になります。

寿命という死に方はない

食べられたりアクシデントで死んだりする死に方に加えて、もう一つの死に方はいわゆる「寿命」です。大型の動物や樹木は、寿命で死ぬものもあります。特に樹木の寿命は、屋久杉のように数千年生きる種もあり、多様です。

そもそもなぜ寿命があるのか考えてみましょう。「進化が生き物を作った」とするならば、寿命にも生命の連続性を支える重要な意味があるはずです。

ほとんどの生き物には寿命があります（図3−2）。例外的にないものもいますが、それはごくわずかです。例えばプラナリアという生物には寿命がなく、条件次第ではずっと生き続けると言われています。体を2つに切っても、死ぬどころか逆に2個体になって増えてしまいます。100分割しても100匹になって生きます。しかし、さすがに踏んづけられたら死にますし、餌がなくなったり、環境が変化したりしても死んでしまいますので、死なないわけではないのですが、条件が良ければかなり長生きします。これまでの研

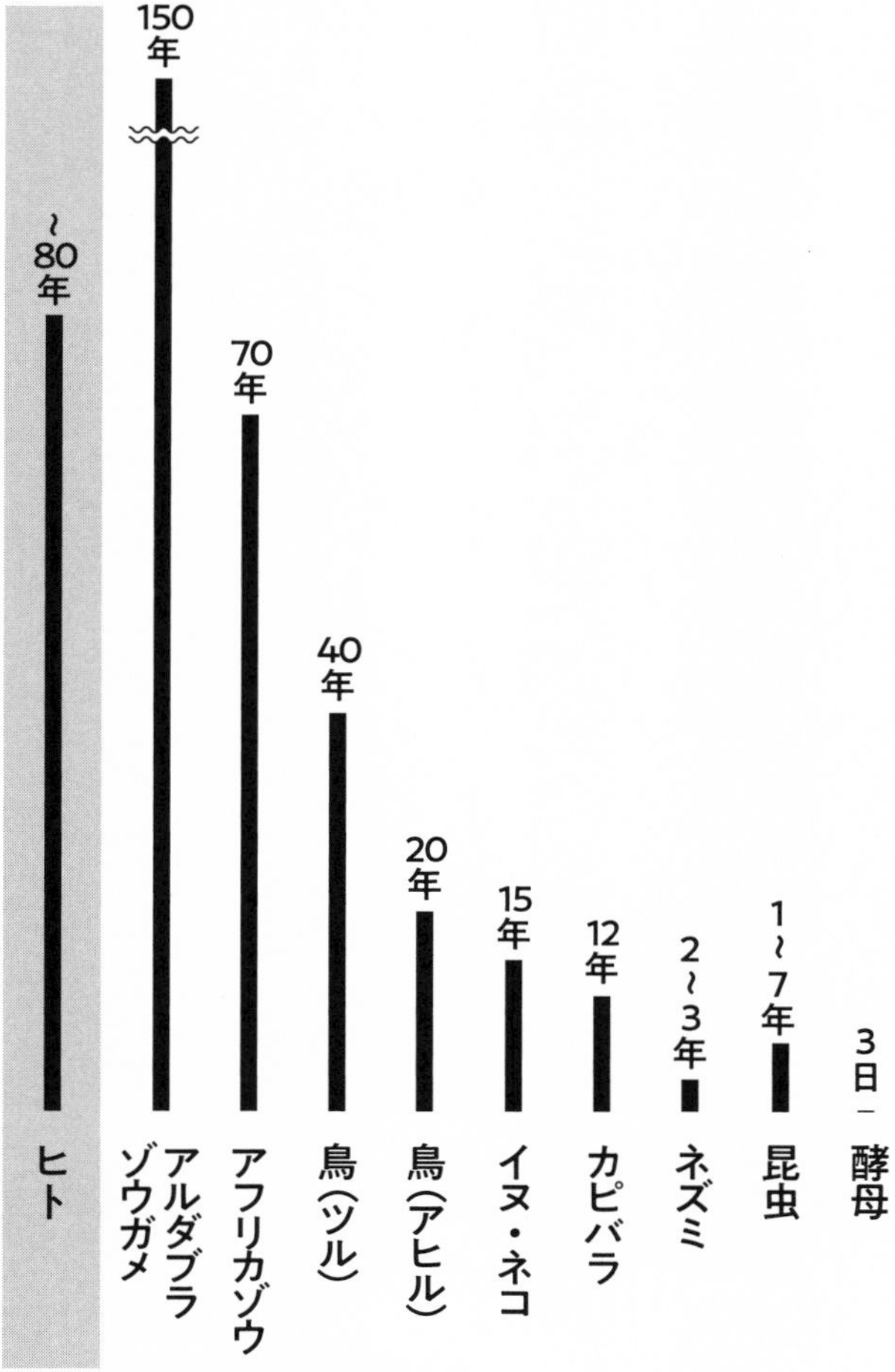

図3-2　さまざまな生き物の寿命

究で、プラナリアは全身にどんな細胞にも分化できる万能細胞、つまり受精卵のようなものを持っていて、それらが失われた部分を再生して復活することがわかっています。

「若返るクラゲ」と言われて最近話題になっている、ベニクラゲという生き物をご存じでしょうか。日本にもいる体長1センチメートルくらいの小さなクラゲです（図3-3上）。これもなかなか死なない不思議な生き物で、寿命がないどころか「若返る」のです。

通常クラゲは、多くの生物と同じように成熟して有性生殖をして子孫を残して、老化して死にます。一方、ベニクラゲの一生はちょっと変わっています（図3-3下）。受精卵は通常のクラゲと同様、プラヌラという浮遊性の幼生となって海中を漂い、そのうちに岩などにくっついてイソギンチャクのようなポリプと呼ばれる形態をとります。ポリプは成長すると無性的に多数の幼クラゲを産出します。幼クラゲは数週間で成体となり、精子や卵を放出して有性生殖をします。ここまでは通常通りです。しかし不思議なことにベニクラゲの成体の中には、変形してまたポリプとなって無性的に子孫を増やすものがいます。つまり、時計の針を逆に戻すように以前の状態に「若返る」のです。

このような若返りは、生育環境が悪くなると起こります。これもまた、進化の過程で手に入れたベニクラゲの生き残り戦略です。

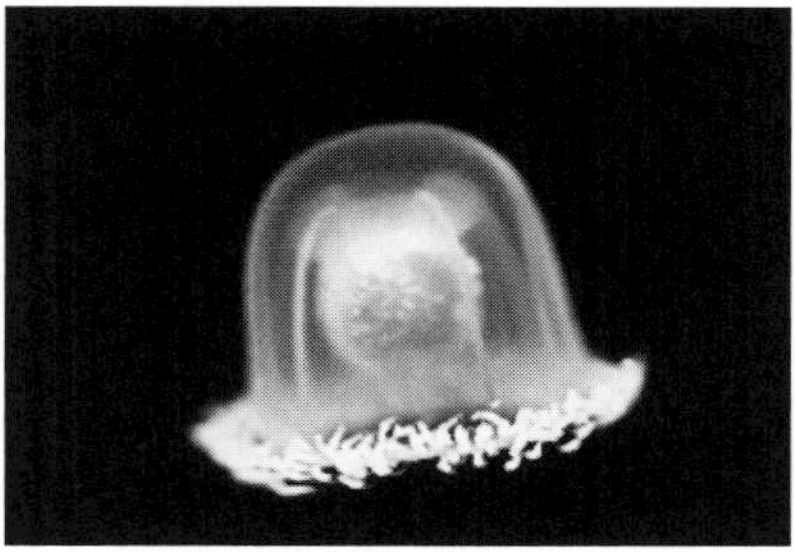

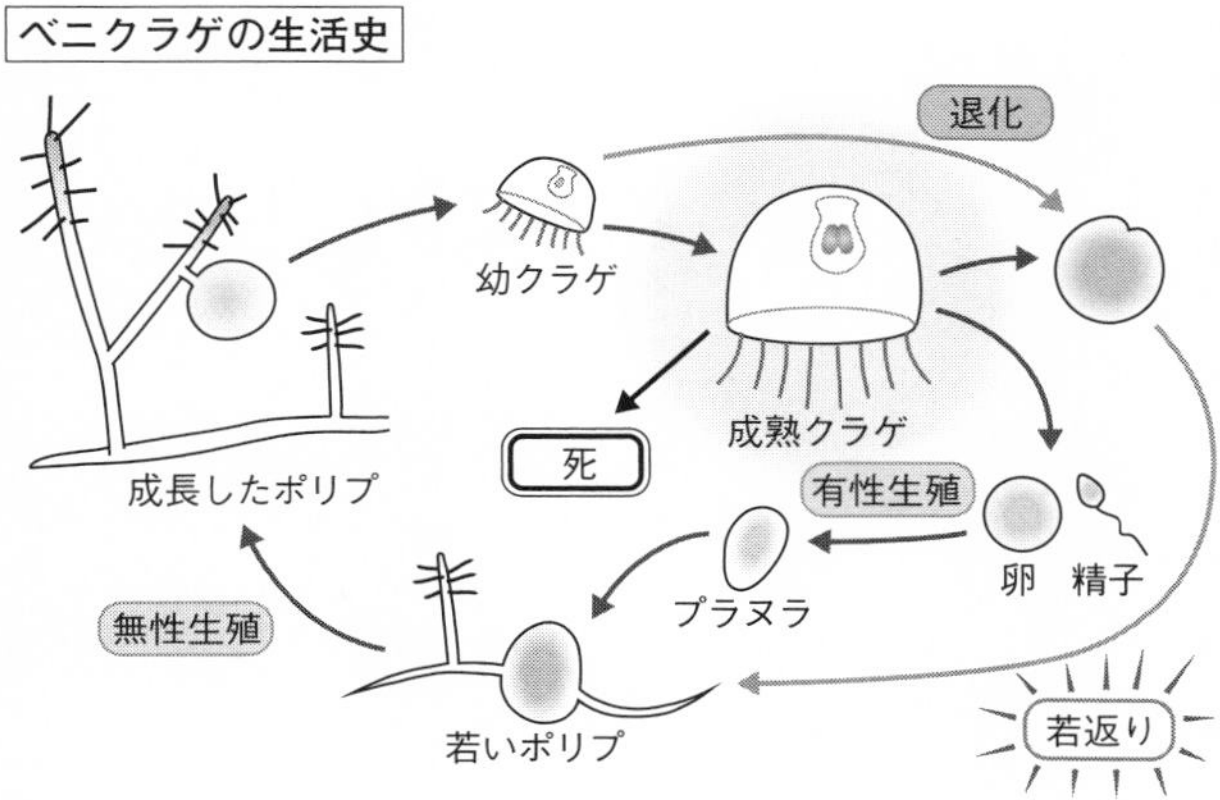

図3-3　若返るクラゲ「ベニクラゲ」の一生
（上）ベニクラゲの写真。（下）生育環境が悪くなると、成熟後に若返って再びポリプとなり、子孫を残す個体が出てくる

これらの例外的な生き物を除けば、ほとんどの生き物はそれぞれの寿命を持っています。それでは、寿命で死ぬというのはどういうことでしょうか？

実は、「寿命」という死に方（死因）は科学的に定義されているわけではありません。ヒトの場合でも、死亡診断書には「寿命」とは書かれないのです。例えば動物の場合、必ず心臓が止まるなどの何らかの直接的な原因があります。生理現象としてあるのは、組織や器官の働きが時間とともに低下する「老化」で、その最終的な症状（結果）として、寿命という死（老衰死）があると考えればいいと思います。

老化は生理現象なので避けられませんが、多少進行を遅らせることはできます。このことについては第5章で詳しく述べることにします。

大成功した原核生物の生存戦略

次に、老化とその結果起こる寿命の関係について、いろんな生き物を例に考えてみましょう。

原核生物である細菌（バクテリア）は、地球ができて最初に現れた生き物で、第1章でもお話ししたように、シンプルな構造のままそれぞれの生活環境で最適化して生き残る戦略をとりました。地球上のいたるところに存在し、種類も量も地球上で一番多いのが、この原核生物です。

熱水が噴き出す海底や、動物の腸内や皮膚、別の生物の細胞の中で生きているものもいます。形態的にも多様で、私たちの想像を絶する適応能力を持ち、これからお話しするように彼らの生存戦略は地味ですが大成功だったわけです。まさにシンプル　イズ　ベストを地でいく生き物ですね。

原核生物の特徴は、核やミトコンドリア、葉緑体などの膜に包まれた細胞内小器官を持たないことです。ただ、細胞自身がミトコンドリアや葉緑体と同等の機能を持つものはいます。また、細菌の多くは個別の環境に適応しており、実験室で簡単に培養することはできません。そのためゲノム（全遺伝子の配列）解析などができずに、まだ分類されていない、あるいはいまだ見つかっていない細菌もたくさんおり、ミステリアスでさまざまな可能性を秘めている生き物なのです。

シアノバクテリアは光合成、つまり植物のように光エネルギーを利用できますし、酸素を利用して有機物を分解しエネルギーを取り出すミトコンドリアの元になったバクテリアもいます。最近では、ペットボトルの素材であるポリエチレンテレフタラート（PET）を分解できる細菌も見つかっており、細菌をうまいこと利用できれば、近い将来、環境問題や食糧問題を多少なりとも解決できるかもしれません。

老化しない、細菌的死に方

細菌が多細胞化の道を歩まなかった理由の一つは、現在から振り返って考えるとゲノムの構造にあると考えられます。細菌のゲノムは輪っかのような環状で、この最大の利点は、テロメアを持たないことにあります。テロメアとは、染色体の末端を分解から保護する役割を持つ特殊な構造です。線状の染色体は必ずと言っていいほど持っています。細菌のゲノムは複雑な構造のテロメアを持たず、サイズも小さいので、分裂に要する時間が短くてすみます。次々に分裂して数を増やすためDNAに変化（変異）を持つ細胞の発生確率が高く、多様な性質を獲得して新しい環境に適応するまでの時間が短く、いろんな環境で生き残ることができるのです。

例えば、原核細胞の大腸菌は条件が良ければ約30分で1回分裂します。1日（24時間）で2^{48}個（約280兆個）になるわけで、そのまま増え続ければあっという間に地球を埋め尽くすくらいの能力があります（実際には途中で栄養が不足して増殖は止まりますが）。これに比べてもっともシンプルな真核細胞の一つである酵母でも、1回の分裂に約2時間を要します。遺伝子の数は、大腸菌が約4300個に対し酵母は約6100個とそれほど大きな違いはないのですが、酵母のゲノムサイズ（DNAの量）は大腸菌の約3倍で、染色体も16本あります。動物の細胞に至っては、遺伝子の数で大腸菌の5倍、ゲノムサイズは約500倍。分裂速度は細胞の種類によっても違いますが、例えば分裂の速い腸の表皮細胞でも丸1日かかります。つまり大腸菌をはじめとする細菌の増殖速度は、群を抜いて速いのです。

逆に弱点としては、環状のゲノムに載せられる遺伝子数には限界があり、細胞を大きくしたり、多機能化したりすることができませんでした。例えば、生存に必須で細胞中にもっともたくさん存在するリボソームRNA（タンパク質を合成するリボソームの働きを担うRNA）の遺伝子は、真核細胞では100個以上ありますが、大腸菌では7個です。これでも大腸菌の遺伝子の中では最多なのですが、細胞を大きくする、つまりいろんなタンパク質を生産するには少なすぎるというわけです。

遺伝子の増幅などゲノムの再編成には、タンパク質を作る遺伝子以外の領域（非コード領域と言います）がその作用を担っています。細菌はゲノムサイズを最小にして増殖速度を上げるために遺伝子と遺伝子の間の非コード領域がほとんどありません。言ってみれば細菌のゲノムは、変化は速いが、複雑な機能を持つには小さすぎたということです。

さて肝心の細菌の死に方ですが、基本的には栄養が続く限り永遠に増え、老化はなく、自然に死ぬ、いわゆる老衰死のようなものはありません。細菌が死ぬ場合は、飢餓か被食、環境の変化などによるアクシデント死です。

単細胞真核生物的死に方

〈原生生物〉

単細胞の真核生物の中で、菌類などに属さないものを「原生生物」と言います。ミドリムシやゾウリムシがそれに当たります。細菌（バクテリア）よりも大きく、多機能です。ゾウリムシは細菌のように分裂で増えますが、興味深いことに、老化します。ゾウリムシは条件が良ければ1日に3回ほど分裂しますが、約600回分裂すると、つまり200日で老化して死んでしまいます。ただし、途中で他の個体と「接合」という遺伝物質の交換をすると、リセット（若返り）されて、また0回から分裂のカウントが始まります。

〈粘菌〉

単細胞の原生生物の中には、粘菌（細胞性粘菌）のように集合体を形成し、細胞が分化して一時的に多細胞生物のように振る舞うものもいます（図3－4）。通常、粘菌は、栄養状態が良い場合にはアメーバとして単細胞で細菌などを食べて生きています。しかし栄養が乏しくなると、集合してナメクジのような形の「移動体」になって動き回ります。移

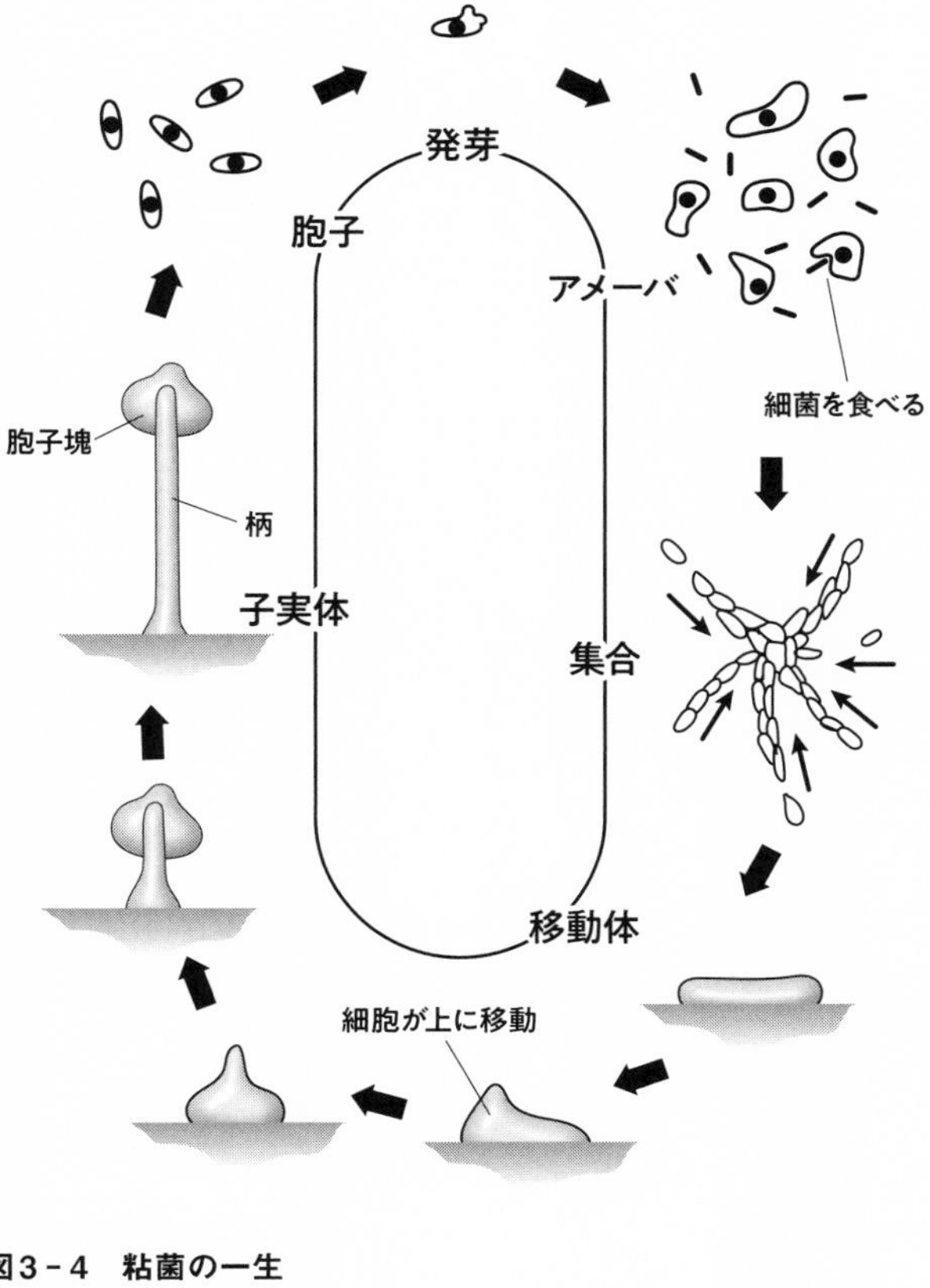
発芽
胞子
アメーバ
細菌を食べる
胞子塊
柄
子実体
集合
移動体
細胞が上に移動

図3-4　粘菌の一生

動体では細胞は分化し、それぞれが違った役割を担います。

移動体は適当な場所で停止し、体の後ろ半分の細胞が上に移動して、「子実体《しじつたい》」と呼ばれるキノコ状の小さな形態となります。そして、移動体の頭に相当する部分の細胞はキノコの柄、後ろ半分の細胞は胞子（配偶子）に分化します。胞子の状態で飢えやストレスをしのぎつつ、子孫を遠隔の別の環境にばら撒くのです。

分裂を繰り返したアメーバは徐々に老化しますが、胞子になるとリセットされて若返り、元に戻ります。一方、柄の部分の細胞はそのまま死んでしまいます。偶然、移動体の頭側となった細胞は、後ろ半分の細胞のために死ぬのです。つまり「公共のために死ぬ」あるいは「利他的に死ぬ」わけです。これは、死ぬことの大切な意味であり、第5章で詳しくお話しします。


〈酵母〉

酵母は、菌類（カビやキノコの仲間）に属する単細胞の真核生物です。出芽酵母はアルコール発酵作用を持ち、お酒作りには欠かせません。また、パンを膨らませたり醤油を作ったりと、人類の食生活に関係の深い生き物です。加えて生物学の研究にも大変大きな貢献をしています。真核細胞のモデル生物として、もっとも詳しく研究されている生物と言

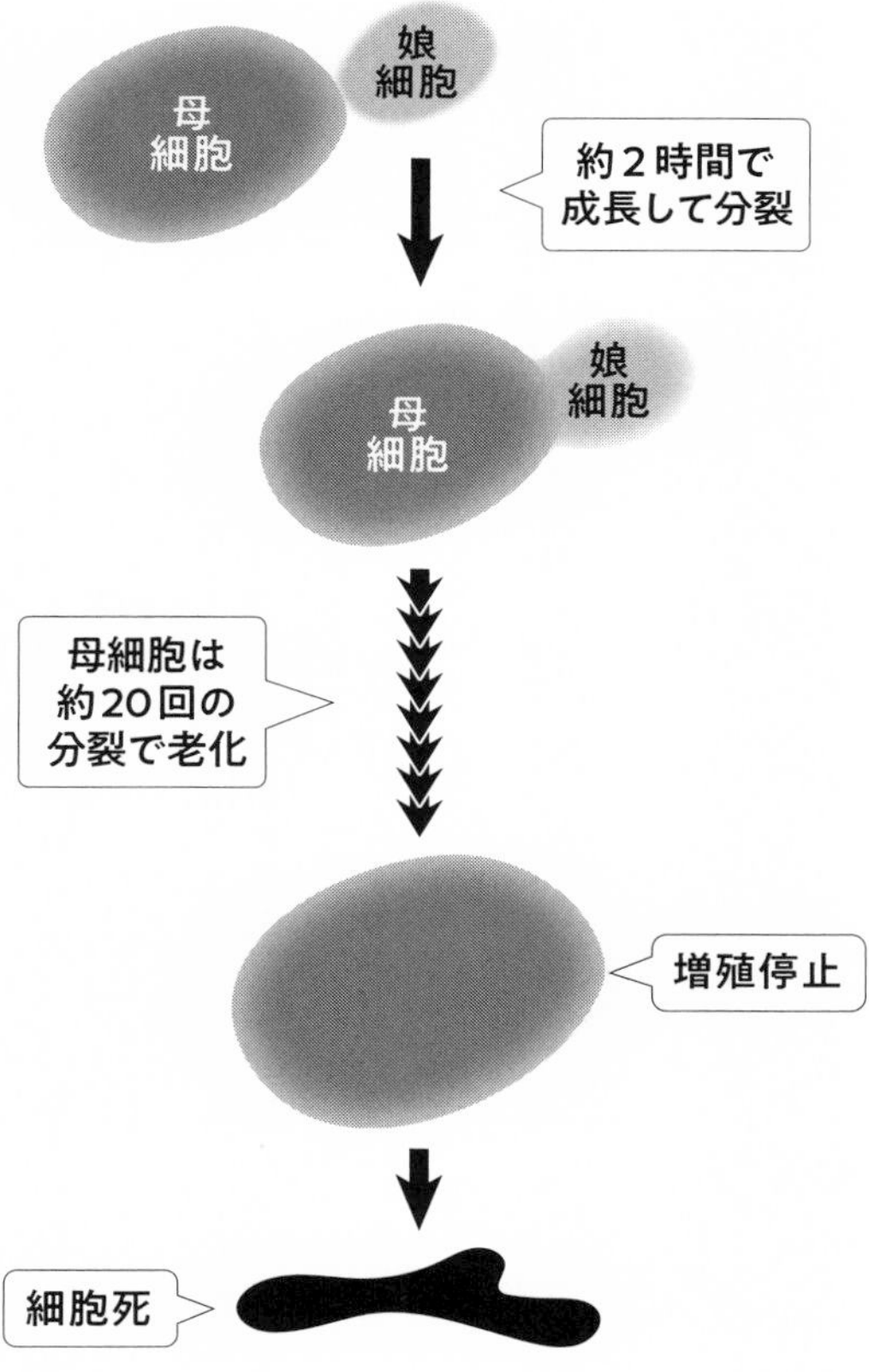
娘
細胞
母
細胞
約2時間で
成長して分裂
娘
細胞
母
細胞
母細胞は
約20回の
分裂で老化
増殖停止
細胞死

図3-5　酵母の一生

っても言い過ぎではないでしょう。食べてよし、飲んでよし、研究してよしの、三拍子そろった生き物です。

その出芽酵母にも、はっきりとした老化とその結果としての寿命があります（図3－5）。母細胞から芽が出て（出芽）、それが徐々に大きくなり、少し小さい娘《じょう》細胞となって分離（分裂）しますが、1つの母細胞が一生で産める娘の数、つまり分裂できる回数は決まっており、約20回です。通常は2時間で1回分裂しますが、18回目の分裂あたりから急に遅くなり（老化）、20回で増殖を停止し、やがて死んでしまいます。たった2日間の短い命です。

有性生殖、つまり2つの細胞が融合し1つになり、その後胞子形成を行うと、世代交代が起こって若返ります。興味深いのは、世代交代しなくても、母細胞から出芽によって生まれる娘細胞は、リセットされて若返ります。つまり1回の分裂（出芽）で、老化（母細胞）と若返り（娘細胞）が起こります。すごいですね。この若返り現象は私がもっとも力を入れて研究しているテーマです。これについても、第5章の老化遺伝子の節で詳しくお話しします。

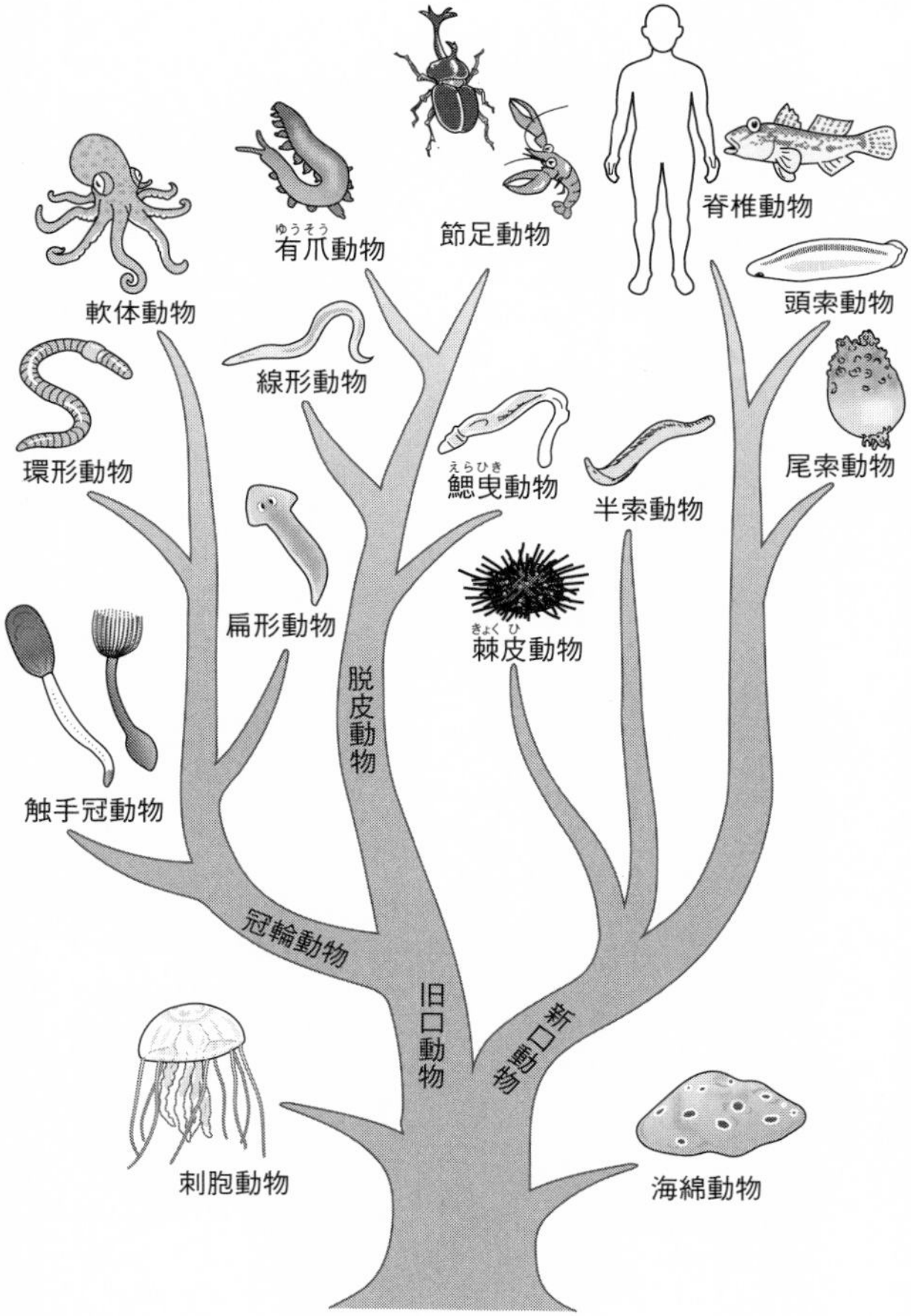

有爪《ゆうそう》動物
節足動物
脊椎動物
軟体動物
頭索動物
線形動物
環形動物
尾索動物
鰓曳《えらひき》動物
半索動物
扁形動物
棘《きょく》皮《ひ》動物
脱皮動物
触手冠動物
冠輪動物
旧口動物
新口動物
刺胞動物
海綿動物

図3－6　動物の系統樹

昆虫は、もっとも進化した生き物？

地球には、名前のついているものだけでも約180万種の生物種が存在します。その半分以上の約97万種は昆虫です。動物の系統樹（図3-6）を見ると、無脊椎動物の枝（図3-6の左の枝）の頂点、つまり一番最後に現れたのが節足動物であり、その一つが昆虫です。別の言い方をすれば、もっとも進化して複雑化した生物が、昆虫なのです。

昆虫の死に方は、「食べられて死ぬタイプ」と「寿命を全うするタイプ」の2通りあります。しかし同じ節足動物でも、水の中で暮らしているエビやカニ（節足動物甲殻類）に比べると、食べられて死ぬ割合はずっと小さいです。陸上のさまざまな環境に適応して、例えば高い飛翔能力などを持ち、敵に食べられにくい個体が生き残り、進化したのでしょう。

昆虫の特徴は何と言っても変態することです。そのための準備期間である幼虫の時期の占める割合が長いです。ここで少し脱線しますが、なぜ昆虫はこのような変態をするのか、進化の観点から考えてみましょう。

エルンスト・ヘッケルというドイツの生物学者が1866年に「反復説」という進化の説を提唱しました（図3-7）。この説は「個体発生は系統発生を繰り返す」というもので、例えば哺乳動物の胎児は水かき、えらや尾があり、両生類や爬虫類と似た特徴を持っ

動物（両生類、爬虫類、鳥類、哺乳類）の初期の胚は、魚類に似ている

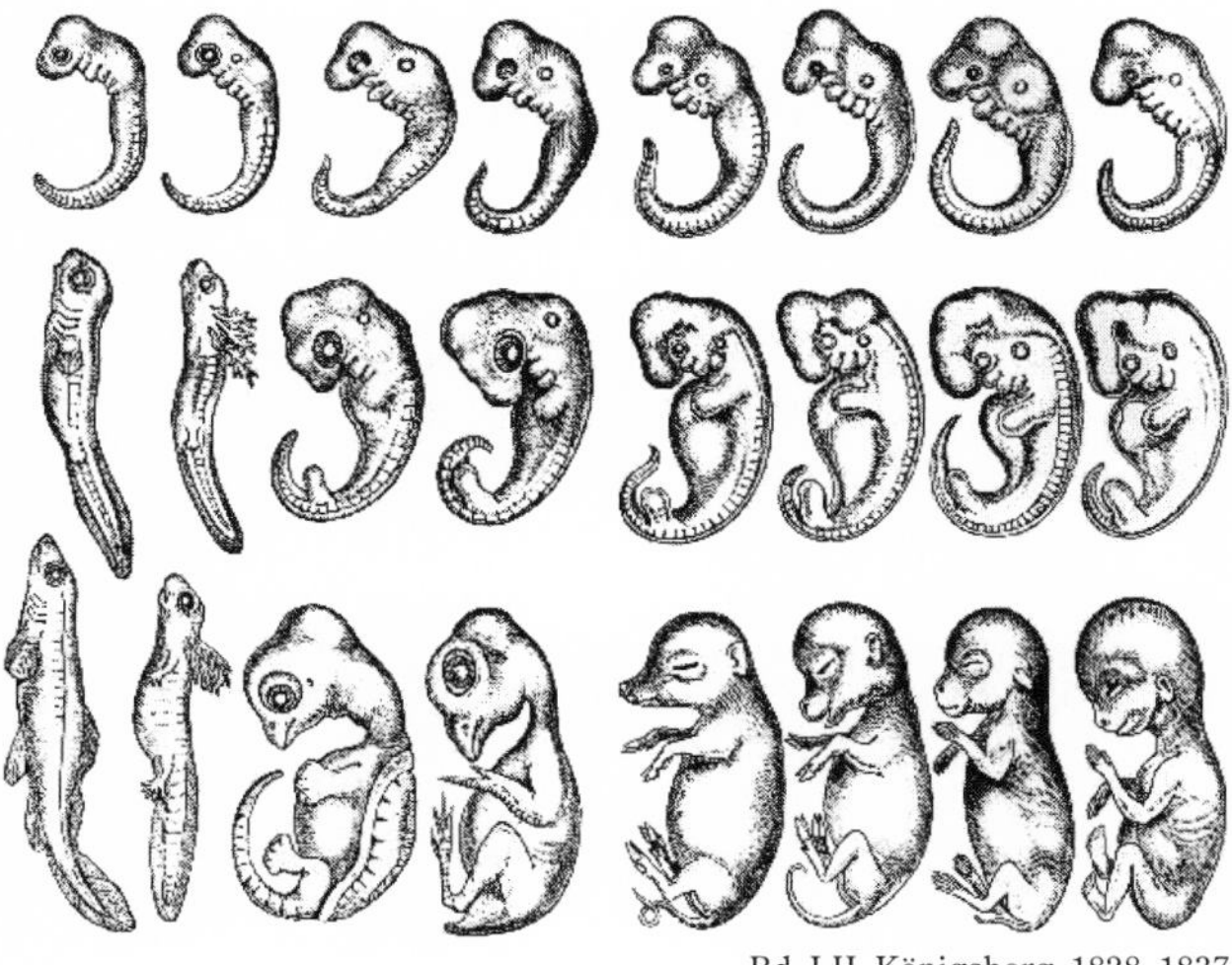

Bd. I-II. Königsberg, 1828, 1837

図3－7　ヘッケルの反復説

ヘッケルによる脊椎動物各群の発生過程の図

ています。彼の説では、哺乳動物は両生類、爬虫類を経て進化したため、このような特徴を維持しているということです。

私の解釈としては、脊椎動物の体を作り上げていく過程は、母親のお腹の中や、卵の中の「守られた環境」で起こるため選択がかかりにくく、ご先祖様と同じ姿のままでも特段の問題はなかったのでしょう。加えて、初期発生は個体の基本構造を組み立てていく過程なので、変更しにくいところでもあります。そこで、このヘッケルの反復説を無脊椎動物の昆虫に当てはめると、幼虫は彼らの祖先であるセンチュウのような線形動物的な形態を繰り返しているのでしょう。

生殖で死ぬ、昆虫的死に方

さて、昆虫の死に方の話に戻ります。カブトムシを見てもわかりますが、硬い兜《かぶと》に包まれた成虫に比べると、軟らかいイモムシのような幼虫はかなり無防備です。土や枯れ木の中に隠れてはいますが、モグラの大好物です。食べられて死ぬのもこの時期が多いです。成虫は木の上や、枯葉の下などの浅い地中にいるのでカラスやネコに狙われますが、食べられるリスクはずっと低いと思われます。

捕食されるリスクのみならず、幼虫は行動範囲が狭いという点がデメリットです。もし幼虫のまま成虫になれないとすると、近くにいる遺伝的に非常に近い個体との交尾しかできないため、多様性の確保という面ではいまいちです。そこで、より運動性が高く捕食されにくい硬い体を持った「成虫」になるように進化したのでしょう。つまり交尾のために変態するのです。

それなら変態などというめんどうくさいことをしないで、最初から成虫の形で生まれてくればいいじゃないかと思う方もおられることでしょう。バッタの仲間はそれに近く、幼虫と成虫が似ていますが、何度も脱皮する必要があり、そのときに動けない時間があるため捕食されるリスクはやはりあります。一方、カブトムシのような硬い殻（兜）を持つ昆虫（甲虫）が脱皮するのは、現実的に不可能です。そのため、幼虫、蛹《さなぎ》というリスクの高い形態を経る必要があります。

それ以外にも幼虫の時期に大切な意味があります。成虫になってからの食料やメスを奪い合う戦いに勝つためには、大きな体と長いツノが有利です。そのためには、モグラに食べられるリスクはあっても、長期間にわたる幼虫の時期にたくさん食べて体を大きくしておくほうが結果的には正解だったのでしょう。繰り返しになりますが、進化が生物を作ったのです。たまたまこのような発生過程をもつ生き物が、生き残ってこられたのです。

子供の頃、カブトムシの幼虫の重量感に驚いた経験のある方もおられることと思います

撮影：筆者

図3-8　結構大きいカブトムシの幼虫（ヘラクレスオオカブト）

（図3－8）。カブトムシや他の昆虫にとって、大きくなれるのは幼虫のときだけなのです。つまり幼虫の仕事は、食って大きくなることです。

成虫になった昆虫の仕事は、他の生き物同様、生殖です。同種の異性の個体を探して動き回りますが、そのための運動・闘争能力、フェロモンの探知能力は驚異的に発達しています。例えばトカゲなどの生餌《いきえ》として売られているトルキスタンゴキブリは、100分子以下の超微量のフェロモンも感じ取ることができ、遠く離れた異性を追跡することができます。これも繰り返しになりますが、いきなりこのような超高感度の検知能力を得たわけではなく、より交尾相手を見つけやすいものが選択されて、結果的にこうなったのです。

多くの昆虫は、交尾の後、役割がすんだと言わんばかりにバタバタと死んでいきます。それまでの活発な行動は嘘だったかのようです。カゲロウの成虫の寿命はわずか24時間足らずで、脱皮して交尾、産卵のあとは急速に老化し、まるで終了プログラムが起動した機械のように死んでいきます。なんと彼らには口がありません。ほんのわずかしか生きないので、ものを食べる必要すらないのです。このように成虫の寿命は、子孫を残すためだけに使われるのです。無駄に生きないという意味では、積極的な死に方であり、究極に進化したプログラムされた死と言ってもいいです。

大きさで寿命が決まる、ネズミ的死に方

次に脊椎動物の話をします。まずは、ネズミ（マウス）から始めましょう。死に方の分類では野生のマウス、特に小型のものは「食べられて死ぬ」タイプです。いわゆるネズミ（ハツカネズミ、図3-9）は実験室で飼うと2〜3年生きますが、野生で生きられるのは環境にもよりますが、数ヵ月からせいぜい1年です。

ハツカネズミは生後わずか2ヵ月で成長・成熟し、名前の通り20日間の妊娠期間で4〜5匹の赤ちゃんを出産します。このペースで年に何度も出産します。もし野生のハツカネズミが餌にも恵まれ何年も生き延びたら、町中ネズミだらけになることでしょう。実際に

撮影：筆者

図3－9　ハツカネズミ

ヒトが住まなくなった街で、ネズミが大発生しているのはよく聞く話です。

「進化が生き物を作った」という観点からハツカネズミの生き方を考えると、彼らの生き残り戦略、つまり結果的に生き残れた理由としては、天敵に食べられて死ぬ確率を減らすために、すばしっこく動くことで逃げ回り、食べられる前にできるだけ早く成熟して、たくさん子供を残すような性質（多様性）を持ったものが生き残ったということになります。

そのトレードオフ（引き換え）として、小型のネズミは長生きに関わる機能――例えばがんになりにくい抗がん作用や、なるべく長生きできるような抗老化作用に関わる遺伝子の機能を失っていったと考えられます。なぜなら、どうせ食べられて死ぬので、彼らにとって長生きは必要ないのです。そういう意味では後でも出てきますが、ヒトの老化を研究するためにマウスをモデル動物として採用するのは、あまり良くないのかもしれません。つまり、ヒトとマウスの死に方は違うのです。

ネズミでも、中型や大型になってくると事情は違ってきます。まず寿命ですが、中型のハリネズミ（体長約20センチメートル）の寿命は約10年、大型のビーバー（体長約1メートル）は約20年生きます。体長が大きくなれば寿命も延びるというわけです。これら大型ネズミが長寿になった原因は、もうおわかりのことと思いますが、独特の身を守る形態（ハリネズミの針のような毛）や生活環境の多様化（ビーバーの水上暮らし）により、他の生物から食べられにくくなり、長生きするほうがより子孫を多く残せたからです。

長寿の性質（多様性）を持った種が多くの子孫を残し、徐々に寿命を延ばしていったわけです。つまり、長寿になるための遺伝子が進化したと言えます。彼らの長寿化は、それを可能にした形態や生活様式の変化に支えられています。そのため、よりとがった毛やより大きなダムを作る能力も同時に進化しました。そういう能力が高いものが生き残り、長寿を達成できたわけです。全ての性質に理由があるのです。こういうところも、生物学の面白いところです。

かくしてネズミの仲間は、「食べられる死に方」から「寿命を全うする死に方」に変化しました。ただ、他から捕食されなくても、老化して自分で餌が捕れなくなったら死んでしまうので、顕著に身体の能力が低下した老齢期のようなものはありません。ピンピンコロリな死に方です。

超長寿、ハダカデバネズミ的死に方

ネズミの中には、体が小さいにもかかわらず食われて死なないタイプのものものもいます。ハダカデバネズミがそれに当てはまります（図3－10）。ハダカデバネズミは、その名の通り毛がなく出っ歯で、アフリカの乾燥した地域にアリの巣のような穴を掘りめぐらし、その中で一生を過ごします。

天敵は時折ヘビが侵入してくるくらいで、あまりいません。そのため体長は10センチメートルとハツカネズミとほぼ同じ大きさですが、ハツカネズミ的死に方、つまり、より早く成熟してより多くの子孫を残して食べられて死ぬ、ということにはならずに寿命を全うできます。その寿命は、なんとハツカネズミの10倍以上の30年。ネズミの仲間では最長です。

ハダカデバネズミが長寿になったのは、天敵が少ないためだけではありません。そこには、長寿を可能にする重要なヒントが隠されています。まず、低酸素の生活環境です。深い穴の中で、１００匹程度が集団生活を送っているため、酸素が薄い状態に適応していま

撮影：筆者

図3－10　ぐっすり昼寝中のハダカデバネズミ

す。普通のネズミは酸素がなくなると5分程度で死んでしまうのに対し、もともと酸素が少ない環境で生活しているハダカデバネズミは20分以上生きていられます。体温も非常に低く（32度）、そのため体温を維持するエネルギーが少なくていいので、食べる量も少なくてすみます。これらの性質はハダカデバネズミの代謝が低い、つまり省エネ体質であることを示しています。

省エネ体質のさらに有利な点は、エネルギーを生み出すときに生じる副産物の活性酸素が少ないということです。活性酸素は、生体物質（タンパク質、DNAや脂質）を酸化、つまり錆びさせる作用がある老化促進物質です。これらが少ないということは、細胞の機能を維持する上で有利です。

例えばDNAが酸化されると遺伝情報が変化しやすくなり、がんの原因となりますが、そのリスクが減ります。興味深いことに、実際にハダカデバネズミは全くがんになりません。これは長寿に相当貢献しています。また、狭いトンネルの中で暮らしているため、体に多くのヒアルロン酸が含まれ、皮膚に弾力性を与えています。このヒアルロン酸も抗がんの作用があることが最近の研究で判明しました。

省エネ体質に加えて、もう一つの長寿の原因となる特徴は、ハダカデバネズミは哺乳類では珍しく「真社会性」をとる生き物であることです。真社会性とは、ミツバチやアリなどの昆虫で見られる女王を中心とした分業制です。ハダカデバネズミは100匹程度の集団で暮らしていますが、その中で1匹の女王ネズミのみが子供を産みます。ちょうどミツバチの女王バチのようです。ミツバチの場合、働きバチは全てメスで、それらは生まれながら子供を産めません。一方、ハダカデバネズミの女王以外のメスは、女王ネズミの発するフェロモンによって排卵が止まり、子供が一時的に産めなくなっています。女王ネズミが死んでいなくなるとフェロモンの影響も受けないため、排卵が復活した別のメスが女王になり、子供を産み始めます。

女王以外の個体は、それぞれ仕事を分業しています。例えば、護衛係、食料調達係、子育て係、布団係などなど、です。布団係はゴロゴロして子供のネズミを温め体温の低下を防ぎます。寝るのが好きな個体には、人気の職種かもしれません。真社会性の大切なことは、これらの分業により仕事が効率化し、1匹あたりの労働量が減少することです。実際に布団係以外の多くの個体もゴロゴロ寝て過ごす姿が見られます。こうした労働時間の短縮と分業によるストレスの軽減が、寿命の延長に重要だったと思われます。そして寿命の延長により、「教育」に費やせる時間が多くなり、分業がさらに高度化・効率化し、ますます寿命が延びたというわけです。まさに、寿命延長の正のスパイラルによって通常のネズミの10倍もの長生きが可能になったわけです。

そして肝心の死に方ですが、これがまた不思議で、若齢個体と老齢個体でその死亡率にほとんど差がありません。つまり年をとって元気のない個体がいないのです。何が原因で死ぬのかはわかっていませんが、死ぬ直前までピンピンしています。まさにピンピンコロリで理想的な死に方です。

大型の動物の死に方

大型の動物は、長寿命です。哺乳類の場合は、体を構成する細胞の大きさは変わらないので、大きな体を作るためには多くの細胞が必要です。まず発生の段階でたくさん細胞分裂をして、その数を増やす必要があるので、そのための時間がかかります。さらに、生まれてから成獣になるまでの期間も長くなり、必然的に子を保護する親の寿命が長くなります。例えばゾウの妊娠期間は22ヵ月で、成獣になるまでには20年かかります。寿命は約80年です。

大型の動物の死に方は、一般的に捕食されて死ぬ割合は小さく、寿命で死ぬ場合が増えます。もちろん大型であっても強い天敵がいる場合は逆になりますし、子供の死亡率は親に比べて高くなります。また、大型の動物は大量の食料を必要とするので、自力での食料の確保ができなくなったら、もはや生きてはいけません。気候変動やヒトによる開発で食料が減ったら死んでしまいます。元気なうちは大型であると有利な点が多いのですが、それがあだになる場合もあるのです。

次に、ヒト以外の霊長類（サル）の死に方を見てみます。サルはヒトに近いため、寿命や老化の研究にも用いられます。ただ、ネズミのように飼育が簡単ではないのと、寿命が長いので研究結果を得るのにかなりの時間と労力を要します。サルの仲間は、ネズミの仲間と同じように体が大きい種類ほど長生きです。野生の状態では、マーモセットは10年、山で見かけるニホンザルの寿命は20年、ゴリラ・チンパンジー・オランウータンは40年くらいです。動物園で飼育していると、野生よりさらに長生きになります。

野生のサルのメスは、死ぬ直前まで排卵（生理）があり、生殖可能です。オスもメスも死ぬ直前まで自身で食べ物を探し、普通の生活をしていますが、死期が近づくと群れを離れ、ひっそり死んでしまうこともあります。基本の死に方は、〝ピンピンコロリ〟です。飼育されているサルは、次章で述べるヒトと同じような糖尿病などの病気で死ぬことはあります。ただ、ヒトのような長い老後はありません。

多くのサルは群れで生活していて、ハダカデバネズミほど分業が進んでいるわけではありませんが、繁殖や子育て、防衛、餌の確保には群れのほうが有利です。ただ例外はオランウータンで、彼らは基本的に〝おひとりさま〟で、単独で行動します。一説には、大型化によって食べる量が増え、集団では逆に餌の確保が難しくなり暮らせなくなったとも言われています。これも一種の環境適応なのでしょう。

食べられないことが生きること、食べることが生きること

生物種によって異なる死に方を見てきましたが、ここまでの話を簡単にまとめると、小さい生き物は逃げること、つまり「(他の生き物から)食べられないことが生きること」、一方、比較的大きな生き物は自分の体を維持するために、「食べることが生きること」ということになります。また、死に至る過程を見てみると、人間に飼育されている動物以外は、人間のような長い老化期間はなく、生殖というゴールを通過すると寿命がきて

ピンピンコロリと死ぬことがほとんどです。プログラムされた積極的な死に方にも見えます。

生き物が誕生してから、長い時間をかけて多様化してきましたが、多様化したのは形態や生態だけではありません。その生きざまに応じて死に方も多様化し、進化してきたのです。

生き物によって違いはありますが、このような死に方は、生き残るために進化していく過程で「選択された」ものだということは共通しています。つまり、いま生き残っている生き物たちにおいては、その「死に方」でさえも何らかの意味があったからこそ、存在しているはずなのです。――少しずつ、本書の問い「生物はなぜ死ぬのか」の核心に近づいてきました。

第4章　そもそもヒトはどのように死ぬのか

第3章では、さまざまな生物の死に方を見てきました。ですが、寿命や死に方について一番よく調べられているのはもちろんヒトです。そして、ヒトほど寿命が変化してきた生き物もいません。2019年の日本人の平均寿命は、女性87・45歳、男性81・41歳で過去最高を記録しました。

生物の死に方や寿命を含んだ生きざまは、生物が多様化する中で選択されてきた、つまり進化してきたのだということをお話ししましたが、ヒトの場合はどうなのでしょうか。今の寿命や死に方に至る何かしらの選択は起こっているのでしょうか。

本章では、ヒトはどのように死ぬのか、その変遷と死ぬメカニズムについてお話ししていきましょう。老化というヒトに特有の現象にも、どのような意味があるのか、考えてみます。

2500年前まではヒトの寿命は15歳だった

まず、日本人の寿命の変遷を見てみましょう。大昔は戸籍のようなデータはないので骨や歯などからの推定ですが、旧石器～縄文時代（2500年前以前）には、日本人の平均寿命は13～15歳だったと考えられています。

この時代は狩猟が主で、ヒトは小さな集団で暮らしていました。旧石器時代はマンモスなど大型の哺乳類を狩っていましたが、氷河期以降は、海産物や木の実、シカ、イノシシといった動物などを食べていました。この時代のヒトの平均寿命が他の霊長類（サル）よりも短いのは驚きです。環境に左右され生活が安定していなかったこと、狩猟での事故死、そして何より病気や栄養不足による乳幼児の死亡率が非常に高かったために、平均の寿命は短くなります。前章で述べたようなアクシデント的な死に方がメインでした。人口も10万〜30万人と変動が大きかったようです。

つまり20万年ほど前にアフリカで誕生し、その後新天地を求めて世界中に広がっていった〝裸のサル〟であるヒトは、まだ悩める存在だったのです。もちろん全員が13〜15歳で死ぬわけではなく、幼少期を生き延びられたヒトは出産・子育てをして30代、40代までは生きました。現在よりも多産で多死のこの状態が、進化を加速し、のちの人類の大躍進に繋がった可能性もあります。ちなみに身長は、現在より10センチメートルほど小柄だったようです。

弥生時代に入ると、日本人は稲作を始めました。これは大陸から来た技術です。稲作で収穫量を上げるには人々が協力する必要があるため、生活集団が大きくなって組織化された村（ムラ）が誕生し、指導者的な人物も現れました。食生活は狩猟中心の生活から定住型となり、安定はしてきましたが、やはり技術が低いため天候に収穫量が左右されることも多くあったと思われます。乳幼児の死亡率も多少は改善されてきました。平均寿命は20歳、人口は急激に増加して60万人とも推定されています。

それから寿命はしばらく横ばいで、奈良時代以降は少しずつ延びていきました。平安時代には平均寿命は31歳、人口は700万人になりました。ただ、続く鎌倉、室町時代には気候変動による不作や政治の不安定化、それに連動して「いくさ」などが頻繁に発生し、平均寿命はまた20代に逆戻りしました。室町時代の平均寿命はなんと16歳です。その後、江戸時代に入ると社会情勢は安定して、さまざまな文化が花開きました。平均寿命も38歳まで延び、有名な人物では徳川家康は73歳まで生きています。

明治、大正時代の平均寿命は、それぞれ女性44歳、男性43歳と延びました。戦争中は31歳となりましたが、戦後は順調に回復し、70年後の現在（2019年のデータ）では、前述のように女性87・45歳、男性81・41歳で過去最高を記録しました。最近100年間で寿命がほぼ2倍に延長したわけです。こんな生物は、他にはもちろんいません。そしてその変動の理由は、生理的なものではなく主に社会情勢に大きく影響を受けてきたわけです。

ヒトの最大寿命は115歳!?

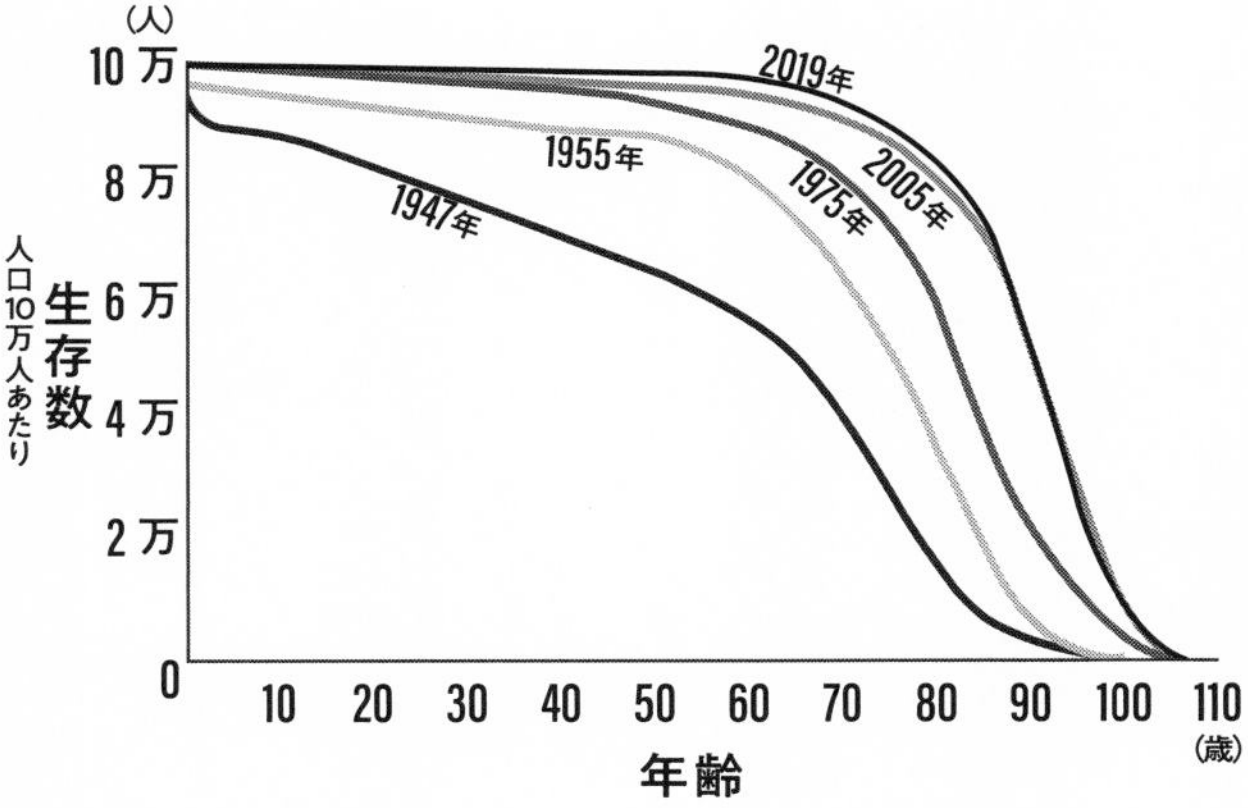

厚生労働省ウェブサイトの資料をもとに作成

図4－1　戦後の日本人の生存曲線の変遷（女性）

戦後、日本人の平均寿命が延びた大きな理由の一つは、乳幼児の死亡率が低下したからです。その主な要因は、栄養状態が良くなったことと公衆衛生の改善です。栄養状態は子供の免疫力を高め、病気になりにくくなりました。公衆衛生の改善は、それまでヒトを苦しめていた伝染病を減らしました。

図4－1を見てください。戦後からの生存曲線を示しています。生存曲線はそれぞれの年齢（横軸）での人口10万人あたりの生存数（縦軸）を示しています。

具体的に見てみましょう。戦後の1947年には、グラフが左上から右下までほぼ直線に近い形になっています。これは各年齢での生存率がほぼ一定であまり変わらないことを示しています。アクシデント的な死に方をする生き物に見られる特徴です。しかも乳幼児（0歳付近）の生存数が急激に下がっています。その後、戦後の復興が進むにつれ、1975年には乳幼児の生存率はほぼ100％となり、さらに2005年には55歳までの生存率も100％近くになり、グラフが逆S字形になってきています。これは、若年から中年までのヒトはほとんど死ななくなったことを示しています。

さらに2005年、2019年のデータでは、85歳くらいからグラフが急に下がる、つまり生存率が下がる（＝死亡率が上がる）ようになります。この急に下がる年齢は多くのヒトが亡くなる年齢で「生理的な死」の時期を示しています。つまりアクシデントではなく、老化による寿命です。この生理的な死の年齢が徐々に延びている（遅くなっている）ということは、老化の始まりが遅くなっていることを意味しています。

実は、生理的な死の時期を考える場合、平均寿命よりもこのグラフの形のほうが重要です。平均寿命は乳幼児や若年層の死亡率が大きく影響するので、老化の実態は見えません。例えば室町時代の平均寿命は16歳といっても16歳で多くの人が亡くなるわけではなく、実際には40歳、50歳の人もたくさんいるわけです。

そして、このグラフからもう一つ重要なことがわかります。それは、寿命が延びている、つまりグラフが徐々に右に移動しているにもかかわらず、グラフの右下は常に一定のところ（105歳付近）で収束しています。これは、最長の寿命はあまり変化していないことを意味しています。

実際に2020年に100歳以上の日本人の数が8万人を突破し、毎年急速に増え続けていますが、115歳を超えた日本人はこれまでたったの11名、全世界でも50名にも満たないのです。このような統計をもとに分析すると、ヒトの最大寿命は115歳くらいが限界だろうと言われています。逆に言えば、この年齢までは生きられる能力があるということです。

ヒトは老化して病気で死ぬ

現代人の死に方は、アクシデントで死ぬ、あるいは昆虫や魚のようにプログラムされた寿命できっちり死ぬのとは違い、「老化」の過程で死にます。老化は細胞レベルで起こる不可逆的、つまり後戻りできない「生理現象」で、細胞の機能が徐々に低下し、分裂しなくなり、やがて死に至ります。細胞の機能の低下や異常は、がんをはじめさまざまな病気を引き起こし、表面上はこれらの病気により死ぬ場合が多いのですが、大元の原因は免疫細胞の老化による免疫力の低下や、組織の細胞の機能不全によるものです。

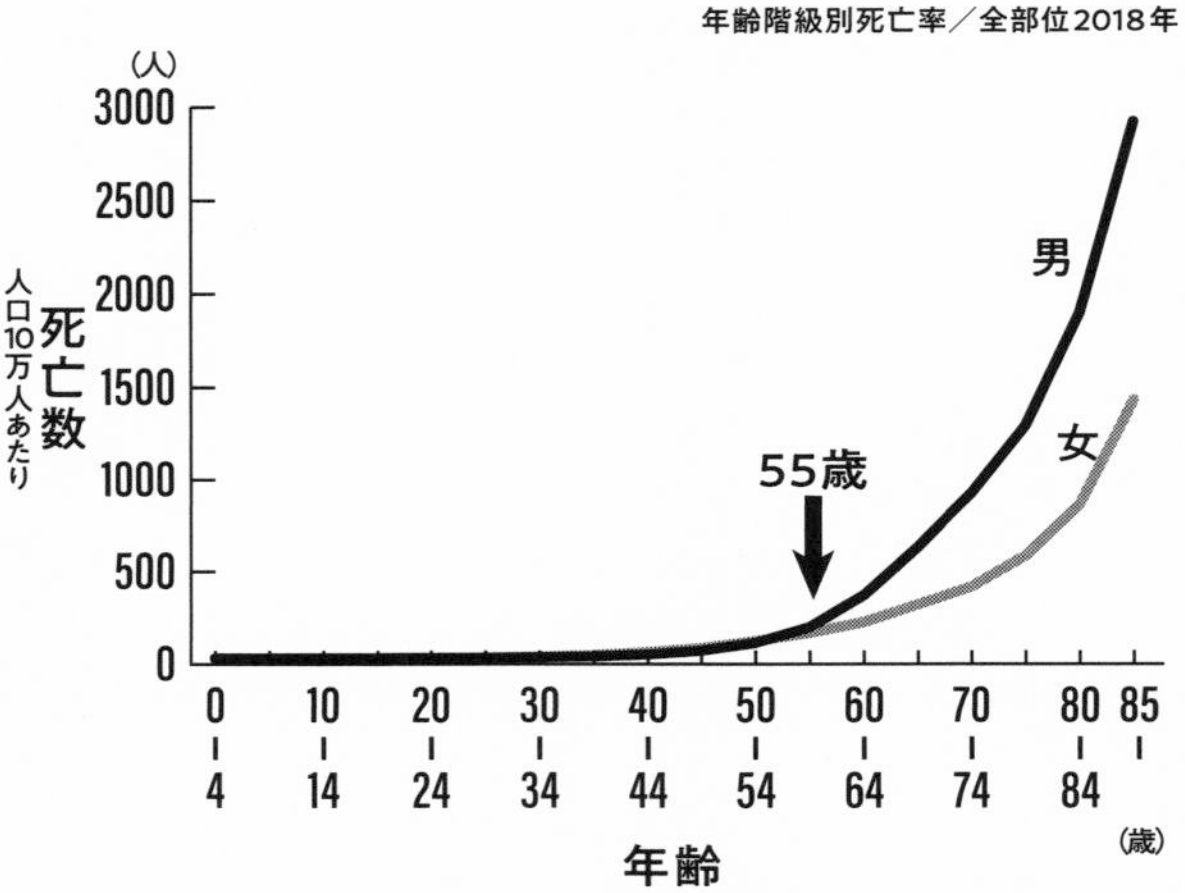

国立がん研究センターがん対策情報センターの資料をもとに作成

図4－2　年齢によるがんの死亡率

例えば1981年以来、日本人の死因の1位はがんですが、がんの多くは加齢に伴うDNAの変異によって生じます。細胞の増殖に関わる遺伝子は、通常、「いい具合」にコントロールされており、必要なときに細胞分裂を起こし、必要がなくなれば停止します。がんでは、この細胞増殖のコントロールに関わる遺伝子に変異が起こり、制御不能になって増殖し続け、なおかつ転移して全身に広がり、やがて正常な組織を壊してしまうのです。

そのため、加齢によるDNAの変異の蓄積とともに、がんによる死亡率が急上昇します。具体的には、55歳くらいからが要注意です（図4－2）。こうした事実から見ると、「ゲノムの寿命は55歳」と言うこともできるかもしれません。

日本人の死因

以下、日本人の死因の上位を見ていきましょう。2019年の時点で、日本人の死因の2位は心疾患、中でも多いのは虚血性心疾患（心筋梗塞や狭心症）です。主に心臓に血液を送る血管の老化によって起こります。冠動脈が動脈硬化によって細くなり、心臓への血流が不足する、あるいは完全に詰まると心臓発作を起こして心臓が止まってしまいます。突然死の多くは、心疾患によるものです。動脈硬化も加齢とともに進行してくる老化現象と捉えられています。

動脈硬化の原因の一つであるコレステロールの血管内膜への蓄積は20代から始まりますが、血管が狭くなってくる症状が現れ動脈硬化が深刻化してくるのは、やはり50代後半からです。喫煙などの生活習慣、肥満、高血圧、糖尿病なども硬化を引き起こしますが、「老いは血管から」と言われるくらい、血管は年齢とともに消耗しやすい器官なのです。

2019年の死因の3位は「老衰」です。老衰は病名ではないので、死因として死亡診断書に書かない医師もいるようですが、在宅医療が増え、病院ではなく自宅で亡くなる方も多くなってきたため、死因の特定をせずに「老衰」とするケースが増えてきました。ある程度、高齢になったら、さまざまな原因で亡くなる確率は高くなるわけで、直接の死因はそれほど問題ではなく、単に「老衰」でもいいように私は個人的には思います。要するに老衰は、老化により体が弱って死んでしまった（寿命が来た）という意味です。

２０１９年の死因の４位は「脳血管疾患」です。これは、がんに首位を奪われるまで死因の１位でした。脳血管疾患は心疾患と似ていて、やはり血管の老化が主な原因です。血管が破れて脳の細胞を破壊してしまう場合（出血性脳血管疾患／脳出血やくも膜下出血など）と、血管が詰まることで脳の細胞に酸素や栄養を運べなくなる場合（虚血性脳血管疾患／脳梗塞など）の2通りあります。脳血管疾患は突然死の原因になります。高血圧、動脈硬化を助長する生活習慣（喫煙、高度なストレス、運動不足など）が影響を与えます。

２０１９年の死因の5位は肺炎です。肺炎は感染症や誤嚥《ごえん》によって起こり、老化による免疫機能や飲み込む力の低下の影響も大きいです。

以上に述べてきたような、老化が主な原因となる3疾病や老衰、肺炎で約7割の方が亡くなっています。ヒトが死ぬ理由は、つまり老化なのです。

進化のカギとなる「良い加減の不正確性」

それでは、ヒトの寿命を決める「老化」とは一体なんなのでしょうか。この本でこれまでお話ししてきたように、「進化が生き物を作った」という視点に立つと、「死」も進化によって選択されてきたものなのでしょう。それであれば、死に至る過程である老化にも意味があるのではないでしょうか。そもそも、なぜ老化があるのでしょうか？

第2章で、多細胞生物の誕生についてお話ししました。単細胞から多細胞になって組織や器官が作れるようになり、生存の可能性を高めていった生物もいました。例えば、大きくなることで餌や光を得やすくなりました。ただ、単細胞生物は現在でも地球でもっとも種類も数も多い生物です。ですので、生物の価値を「生き残る」という観点で測るとすれば、単細胞生物には単細胞生物のいいところ、例えば変異しやすく適応能力が高いことなどがあります。単細胞生物と多細胞生物のどちらが優れている、劣っているということはありません。

多細胞生物はさまざまな組織、器官を持っており、生き残る能力が一見高そうですが、弱点もあります。それは組織としてのチームワークをいかに保つか、という点です。ヒトを例に、生まれるところから老化して亡くなるまでを見てみましょう。

多細胞生物も元は1つの細胞（受精卵）から始まります。これが何度も分裂して、細胞の数を増やしていきます。細胞分裂でもっとも重要なイベントは、DNAの複製です。DNAは生物の遺伝情報である遺伝子の本体、つまり設計図の描かれている「紙」に相当します。そして生き物1つ分の全遺伝情報を「ゲノム」と言います。特に発生の初期段階では、これから体の全てを作っていくわけですから、設計図を正確にコピーしていかないといけません。

そこで重要になるのは、DNAの複製をするDNA合成酵素の働きです。これは2本鎖DNAの1本を鋳型として、GにはC、AにはTといった具合に、塩基が対を作って次々に繋げていきます（図4－3）。この合成反応を両方の鎖で行うため、全く同じ配列を持った2本鎖DNAが2本できます。それぞれの鎖が新しい細胞に分配されます。

注目すべきは、このDNA合成酵素の正確性です。なんと10の9乗に1回、つまり10億塩基に1回程度のミスしかしません。ヒトの細胞には60億の塩基対があるので、1回の細胞分裂でざっくり10個程度のミス（エラー）という驚異的な正確性です。

このような超正確な合成能力も一気に成し遂げたわけではなく、進化の過程で、徐々に正確性を高めていきました、というか、より正確なものが選択されて生き残ってきました。

ただ、進化的な長さでこのDNA合成酵素を捉えた場合、正確性がいつも高ければいいというわけでもありませんでした。生物が誕生した初期には、激しく変化する環境の中で、正確性がそれほど高くなく、逆に多様性を増すことができたほうが良かったかもしれ

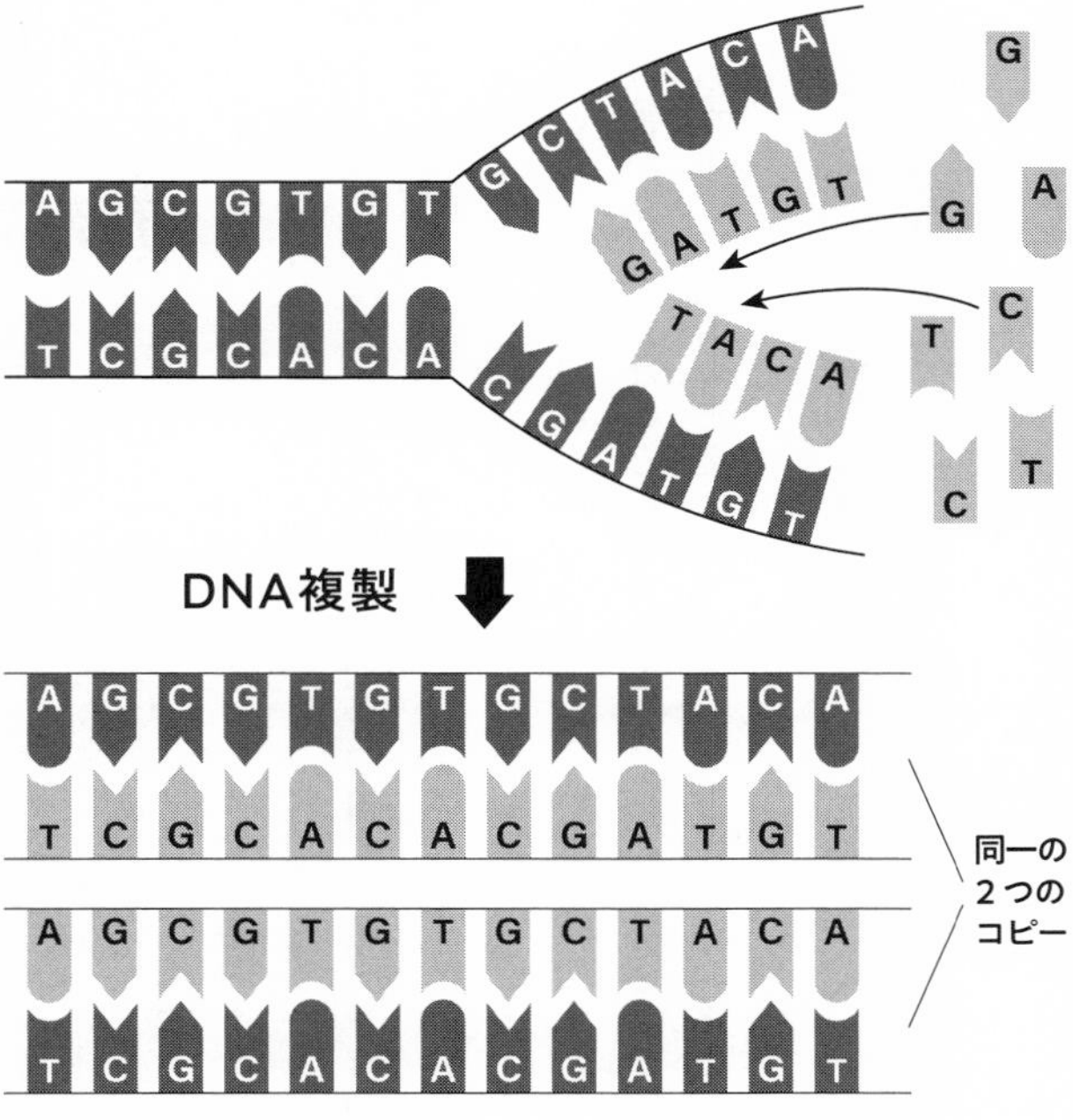

図4－3　DNA複製の仕組み

２本鎖のDNAがほどけ、それぞれのDNAに対応する塩基（薄いグレー）が繋がっていく。すると、まったく同じ配列の２本鎖DNAが２本できる

ません。とはいえ正確性が低すぎると、その分、生き延びられない異常な細胞を作ってしまう可能性も高くなります。一方で、地球環境が安定して生物の体の構造も複雑になってきたら、DNA合成酵素の正確性が高いほうが生存には有利になります。つまり、10億塩基に1回程度のコピーミスという、絶妙で「良い加減の不正確性」に落ち着いたのでしょう。

たとえとしてどうかとは思いますが、私が幼少の頃、白黒テレビの映りが悪いときにスリッパで軽く叩くと映りが良くなったりすることがありました。接触不良が原因だったのでしょう。より精密になった現在の薄型有機ELテレビは、おそらくスリッパでは直せないどころか、叩いたら逆に壊れるかもしれません。つまり言いたかったことは、複雑なものは、改良・改善が簡単ではないということです。また、あまり正確すぎても多様性がなくなってしまいます。白黒テレビを何万回叩いてもカラーテレビになることはありませんね。

あとで出てきますが、このDNA合成酵素の「正確性」や「良い加減の不正確性」は、老化でも重要な意味を持ちます。

老化はいつ起こるのか？

脱線しました。元の話に戻ります。細胞分裂を重ねて細胞の数が増えてくると、それぞれの細胞が違う役割を持つようになり、体を形作っていきます。これが細胞の「分化」です。組織そして器官が形成されていく過程で、ざっくり3種類の細胞に分かれます。

1つ目は、組織や器官を構成する細胞（体細胞）です。これが数としては一番多いですが、細胞が分裂するたびに老化して、やがて失われていきます。ヒトの体細胞は約50回分裂すると分裂をやめてしまい、やがて死んでいきます。

そのままだと細胞の数が減ってしまい組織が維持できないので、それらの失われた細胞を供給する「幹細胞」があります。これが2つ目の種類の細胞です。例えば皮膚の幹細胞は表皮の下の真皮に存在し、新しい皮膚の細胞を供給し続けます。そのため、毎日お風呂に入って体をゴシゴシ洗って垢として古い細胞を取り除いても、腕が細くなったりはしないのです。このような細胞の老化、そして新しい細胞との入れ替えは、赤ちゃんでも起こっています。

最後、3つ目の細胞は、卵や精子を作る生殖系列の細胞です。幹細胞と生殖細胞は生涯生き続けますが、ゆっくりと老化します。生殖細胞の老化は、受精効率、発生確率を低下させます。幹細胞の老化は新しい細胞の供給が悪くなるので、全身の機能に影響が出ます。歳をとるとケガが治りにくくなったり、感染症にかかりやすくなったり、腎臓、肝臓などの内臓の機能が低下する一因となっています。つまり幹細胞の老化が、個体の老化の主な原因の一つとなっています。

細胞が老化すると体も老化する

受精卵が分裂し分化して器官の形成が進んでいき、体が完成すると、後はひたすら古い細胞と新しい細胞の入れ替えを繰り返します。入れ替えの周期は、組織によって異なります。一番短いのは腸管内部の表面のヒダヒダにある上皮細胞で、数日で入れ替わります。皮膚が4週間、血液が4ヵ月、一番長いのは骨の細胞で4年で全てが入れ替わります。

ですので、ヒトの体の細胞は4年でほとんど新しいものと入れ替わり「別人」となってしまうわけです——というのは言い過ぎで、徐々に老化した細胞から順番に入れ替わるので、姿形が変化することはありません。

加えて、体細胞でも例外的に入れ替えをしない組織もあります。それは心筋と神経細胞です。心臓を動かす心筋細胞は、生まれてから太く大きくなることはあっても数が増えることはありません。脳や脊髄を中枢とし全身に信号を送る神経細胞は幼少期が一番多く、その後は基本的に減っていくばかりです。もし脳の神経細胞が入れ替わったら、記憶が維持できなくなり、おおごとですね。心(心臓と脳)は生涯ずっと変わらないのです！

心臓と脳は傷ついたらそれきりですが、他の組織は幹細胞が新しい細胞を作るので、いつも若々しく維持できます。しかし実際には、加齢に伴い機能が徐々に低下していきます。

その理由の一つは幹細胞の老化です。新しい細胞を供給するとき、幹細胞は、2つに分裂して一つは幹細胞、もう一つが皮膚の細胞を作ります。皮膚の細胞はまた2つに分裂して今度は2つの皮膚の細胞を作りますが、幹細胞に戻ることはありません。幹細胞は基本的にはいつも一定量維持されています。

しかし、加齢とともに幹細胞も老化します。老化した幹細胞は、分裂能力が低下して十分な細胞を供給できなくなります。一番影響が出るのは、新しい細胞を大量に必要とする血液や免疫細胞を作る造血幹細胞などです。免疫に関わる細胞の生産が低下すると、感染した細胞や異常細胞の除去ができにくくなります。

老化細胞は〝毒〟をばらまく

もう一つ、加齢による組織の機能低下の原因は、老化した体細胞がばらまく〝毒〟です。

組織の細胞の入れ替えのためには、新しい細胞の供給に加えて、老化した古い細胞の除去が必要です。老化細胞の除去には、（1）細胞自身が「アポトーシス」という細胞死を起こして内部から分解して壊れる、（2）免疫細胞によって食べられて除去される、の2通りありますが、加齢した個体の老化細胞はこのような除去が起こりにくく、そのまま組織にとどまる傾向があります。

この老化した残留細胞が厄介で、周りにサイトカインという物質を撒き散らします。本来サイトカインは、傷ついたり、細菌に感染された細胞が、それらを排除するために炎症反応を誘導し免疫機構を活性化させる働きがあります。しかし、組織の老化細胞から放出された場合には、炎症反応を持続的に引き起こし、その結果臓器の機能を低下させ、糖尿病、動脈硬化、がんなどの原因となることが知られています。

つまり、老化細胞がそのまま排除されないで残ると、組織を害し器官の機能を低下させるのです。

マウスを使った興味深い実験を一つ紹介します。オランダのグループが２０１７年に発表した論文です。マウスでも、加齢とともに排除されない老化細胞が組織に溜まってきます。この残留老化細胞の細胞死を誘導できない理由は、これまでの研究でよくわかっています。細胞死を誘導するためにはｐ53というタンパク質が、細胞質から核の中に移動する必要がありますが、老化細胞で多量に発現するＦＯＸＯ４（フォクソフォー）というタンパク質がその移動を邪魔するからです。

そこでＦＯＸＯ４がｐ53を邪魔できないようにｐ53の結合部位にくっつく小さいタンパク質（ペプチド）を合成し、それを老齢マウスに投与しました。すると思惑通りｐ53が細胞の核の中に移動し、細胞死が誘導されるようになりました。

そしてそのペプチドを投与し、老化細胞が排除された老齢マウスはどうなったかというと、肝臓および腎臓の機能が回復し、運動能力が向上し、さらには毛がフサフサ生えてきたのです。すごいですね！

実はヒトでも長寿と体内の炎症反応の低さには関係があることがわかっています。加齢による老化現象は、この排除されない老化細胞に一因がありそうです。ヒトでのこのペプチドの安全性、有効性は現在研究中です。

以上のような体細胞レベルの機能低下が組織の働きを悪くし、最終的に脳や心臓の血管、肝機能や腎機能などを低下させ、「老いた」状態を作り出し、やがてヒトを死に追いやるのです。

細胞は約50回分裂すると死ぬ

さて、老化した細胞が組織で悪さをすることはわかりました。それでは、そもそもなぜ加齢に伴って細胞老化が起こるのでしょうか？　そのメカニズムについて考えてみましょう。

先ほど、分化した細胞は50回くらい分裂すると老化して死ぬ、という話をしました。これは60年ほど前にアメリカのレオナルド・ヘイフリックという研究者が、組織から取り出したヒトの細胞をペトリ皿で培養したときに見つけた現象です。さらに興味深いのは、細胞の提供者の年齢によって、細胞が何回分裂できるかが、だいたい決まっているということです。

想像力たくましい読者の皆さんはお気づきのことと思いますが、高齢者から取り出した細胞は、分裂回数が50回よりも少なくなります。すでに細胞が分裂可能な回数をいくつか使ってしまっているからです。

この「分裂回数制限」の発見当時は、多くの研究者がこの制限に老化や寿命の秘密が隠されていると予想し、興奮しました。しかし、そのメカニズム、つまりどうして年齢で細胞の分裂回数に差ができるのかについては、なかなか解明できず、しばらくは謎のままでした。

DNA複製の2つの弱点

ここで、先ほど説明したDNAの複製が再登場します。DNAの複製はものすごく正確ですが、完全ではなく、2つの大きな弱点があります。一つは前にお話しした10億塩基に1回のコピーミス、つまりエラーの蓄積です。そのため、老齢個体ほどゲノムに変異をたくさん抱えていることになります。これは後でまた詳しくお話しします。

もう一つの弱点は、染色体の末端のDNA複製についてです。DNA合成（複製）の際に、端っこが複製できないという問題があるのです。DNA合成酵素が複製を始めるときには、まず鋳型となるDNAに相補的なプライマーと呼ばれる短いRNAが必要です。相補的というのは、例えば〈5′－GATC－3′〉という配列があった場合、それに相補的な配列は〈3′－CUAG－5′〉ということです。合成反応はこの短いRNAの3′末端に続けていく形で進めていきます（図4－4）。

ただし、DNA合成酵素は、合成できる方向が5′→3′方向と決まっています。そのため、2本鎖DNAを複製する際、一方の鎖（3′→5′方向）を鋳型とした場合は、合成方向と同じ方向に進めば、そのまま染色体の末端まで合成していけるのですが（リーディング鎖合成という）、反対の鎖を鋳型とした場合は、素直に合成方向には進めません。解決方

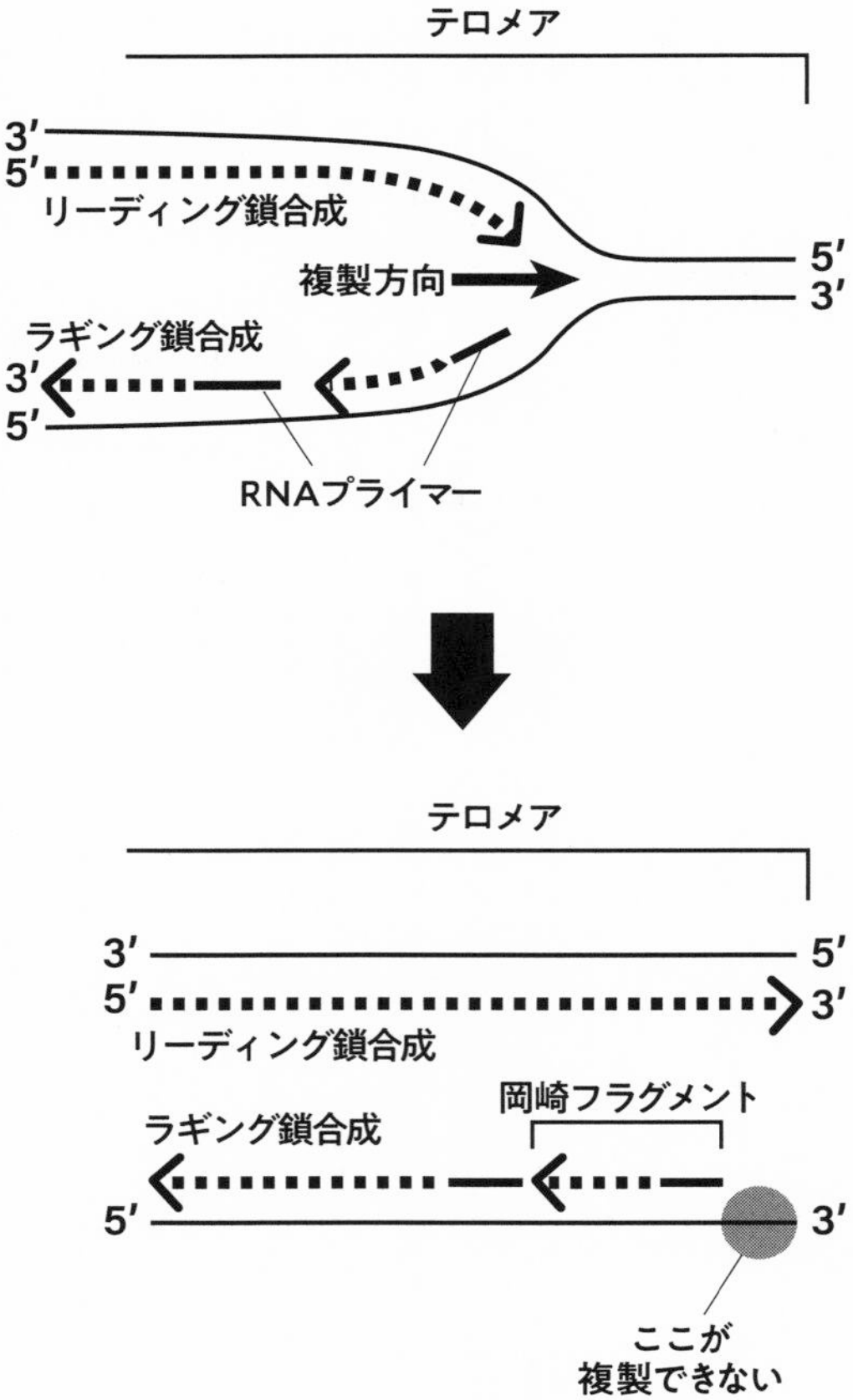

図4－4　DNA合成では、末端が複製できない

法としてプライマーのＲＮＡを前方に合成して、そこから戻りながら短いＤＮＡを合成するという作業を繰り返すことになります（ラギング鎖合成という）。これらの短いＤＮＡ断片を「岡崎フラグメント」と呼びます。ちなみに岡崎フラグメントは１９６７年に名古屋大学の岡崎令治により発見されました。その後、プライマーＲＮＡは取り除かれてＤＮＡで埋められ、最後に繋げられて合成は終了します。

しかし問題は、この短いＤＮＡは染色体の末端では作れないことです。なぜならＲＮＡプライマーの設置が難しく、仮にギリギリ端っこに設置できたとしてもプライマーの部分をＤＮＡで置き換えることができません（図４－４）。そのためＤＮＡ複製のたびに、つまり細胞分裂のたびに染色体の端（５′）がプライマーの分だけ短くなります。実際に、若いヒトとシニアのヒトの染色体の末端の繰り返し配列（テロメアという）の長さを比べると、若いヒトのほうが多少長いという報告もあります。ただ個人差も大きいので、さらなる検証が必要かもしれません。

テロメアが細胞の老化スイッチをオンにする

ここでまた疑問が生じます。ＤＮＡの末端が複製のたびに短くなっていったら、染色体はどんどん小さくなり、そこにある遺伝子が失われて生物は生きていけなくなるのではないか、ということです。実際にはそうはなっていないので、何か染色体の末端を延ばす仕組みがあるに違いありません。

この「染色体末端が複製のたびに短くなったらどうしよう問題」は、テトラヒメナというゾウリムシの仲間の研究で解決しました。

テトラヒメナは単細胞の真核生物（原生動物）で、細胞の中には大小2つの核を持っています。大核の遺伝子が発現し、小核は「生殖核」と呼ばれ、2つの細胞の接合（有性生殖）時に相手の細胞との交換に使われます（図4－5）。大核も元は小核からできているので、両者に含まれる遺伝子は同じです。ただ違うのは、大核の染色体は細かく分断され、しかもそれぞれが何回も複製されて何万本にも増幅しています。つまり、たくさんのミニ染色体があるわけです。そのため染色体の末端の数も多く、それぞれにテロメア構造が作られます。

テトラヒメナのテロメアは染色体が複製しても短くならないので、何らかの仕組みが働いているはずです。アメリカの生物学者エリザベス・ブラックバーンらは、テトラヒメナのテロメアを用いて、テロメアを延ばす働きを持つテロメア合成酵素（テロメラーゼ）を発見しました。彼女らはその功績によって、2009年にノーベル生理学・医学賞を与えられています。

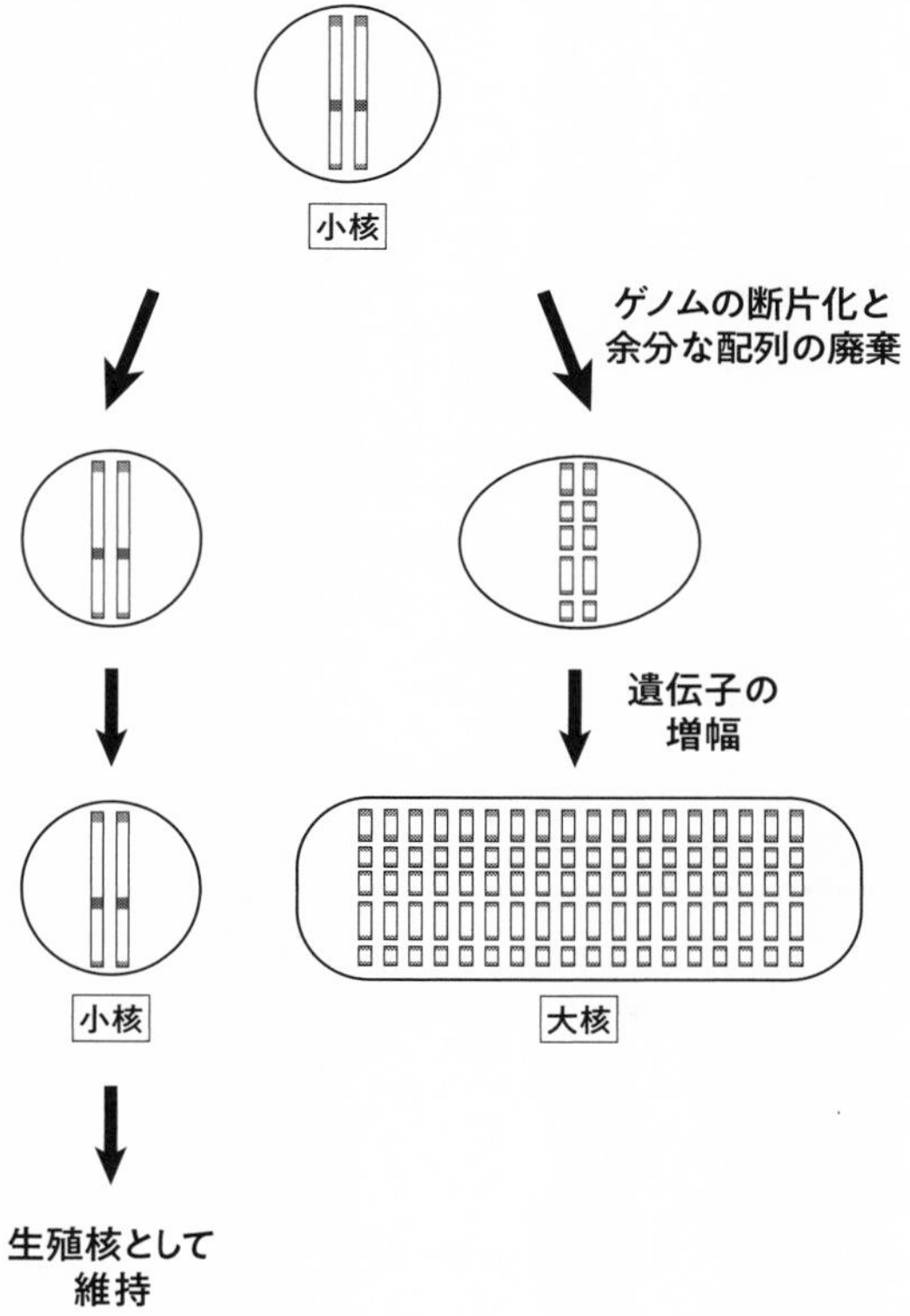

図4－5　テトラヒメナは大核の中で遺伝子が増幅する

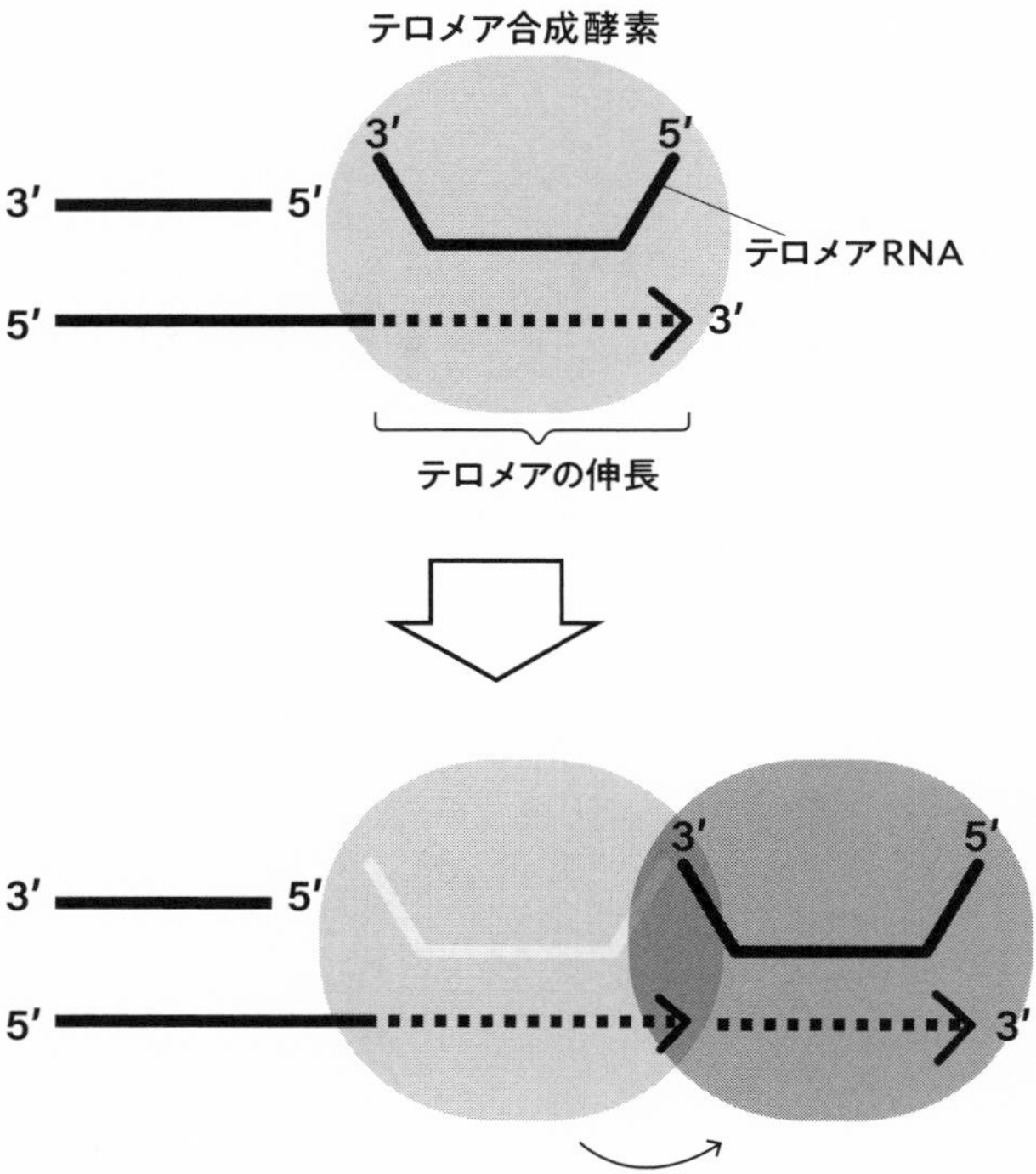

図4－6　端っこを延ばすテロメアの合成
テロメア合成酵素の中にあるテロメアRNAが、テロメアの繰り返し配列を作る鋳型となっている。この働きにより、染色体は短くならずにすむ

テトラヒメナのテロメアは、〈TTGGGG〉という短い塩基配列が繰り返す反復構造を持っています（ちなみにヒトでは〈TTAGGG〉です）。ここには多くのタンパク質が結合して、特殊な構造をとっているため分解されにくく、他の染色体と繋がるのも防いでいます。

テロメアの長さが短くなると、染色体はうまく機能しなくなり細胞が異常になります。そのようなトラブルを避けるため、テロメア合成酵素が活躍しているわけです（図4－6）。テロメア合成酵素は、テロメアの繰り返し配列を作るための鋳型となるテロメアRNAを持っています。そのRNAのおかげで染色体が短くならずにすんでいます。

興味深いことに、このテロメア合成酵素は、ヒトの体細胞では発現していません。そのため、細胞分裂のたびにヒトの体細胞のテロメアは短くなります。テロメアの長さが本来の長さの半分くらいになると、そこから信号が発せられ、細胞の老化スイッチがオンになります。このテロメアの短縮による老化の誘導が、ヘイフリックが見つけた細胞の分裂回数を制限するメカニズムの正体だったのです。

実際に、組織から取ってきた分化した細胞を培養すると通常は数ヵ月で老化して死んでしまいますが、テロメア合成酵素を強制的に発現させてテロメアが短くならないようにしてやると、細胞は50回よりもずっと長く分裂できるようになります。

テロメアと個体の老化は関係ない？

ヒトの体の細胞の大部分を占める体細胞のテロメアは、分裂のたびに短くなりますが、全ての細胞がそのような50回のリミットを持っていたら、あっという間に全てが老化してしまいますね。長い寿命を維持するために、ヒトの細胞にもテロメア合成酵素が発現していてテロメアが短くならない長寿の細胞も必要です。代表的なものは、幹細胞と生殖細胞です。

分化した細胞（体細胞）が次々に老化して排除されても、幹細胞が常に新しい細胞を生み出し、補塡してくれます。一生涯生き続ける幹細胞のテロメアは、テロメア合成酵素によって常に伸長され維持されています。ただ幹細胞といえども、加齢とともにテロメア合成酵素の活性が低下し少しずつそのテロメアは短くなると考えられていて、新しい細胞の供給は徐々に減っていきます。

生殖系列の細胞も、幹細胞と同様に、テロメア合成酵素の働きによってテロメアの長さが維持されます。生殖細胞は次世代に命を繋ぐ大切な細胞なので、老化は極力抑えられています。そのため、生まれてきた赤ちゃんの全ての細胞でテロメアはちゃんとリセットされて長いです。

テロメア合成酵素の機能を調べた研究があります。世界のいくつかの研究室で、テロメア合成酵素の遺伝子を破壊したマウス（ノックアウトマウスあるいは遺伝子破壊マウスと言います）が作製されました。マウスは前述のように、「食べられて死ぬ」環境の中で進化を遂げてきたので、抗老化作用がヒトとは違う可能性があります。そのため完全なヒトの「老化モデル」とはなりませんが、その違いに注意しながら研究を行うことは可能です。

このノックアウトマウスはどうなるかというと、ちゃんと元気に生まれてきます。実はマウスのテロメアは、ヒトの5倍ほどの長さがあります。そのため、ノックアウトマウスのテロメアの短縮の影響は少なく、細胞にも個体の寿命にも影響を与えていませんでした。最初は、なんだテロメア合成酵素なんかいらないのか、と思われたのですが、興味深いことに、このノックアウトマウスを繁殖させて何世代かにわたって飼っていると、5世代目あたりからテロメアが短くなって異常が出てきました。

一番顕著なのが生殖細胞で、卵、精子の数が激減します。また、幹細胞の働きが低下し、皮膚や腸管が萎縮して老化したような症状になります。やはり、テロメアは短くなると影響が出るわけです。

ただ、ノックアウトマウスではない普通のマウスでは、老化してもテロメアの短小化は見られませんが、それでもマウスは老化して、2〜3年で死んでしまうので、通常のマウスの個体の老化や寿命にはテロメアの短小化の影響は、全くないか非常に小さいと思われます。

ヒトでも高齢者のテロメアが極端に短いというわけではありません。ですので、ペトリ皿で培養している細胞のテロメアの短小化と細胞老化の関係は、個体レベルでは、まだはっきりとは解明されていません。テロメアが短くなると細胞が老化することは示されていますが、個体老化には、テロメアの短小化も含めて他にさまざまな要因が働いているようです。

なぜ細胞老化が必要か

マウスの例もあり、細胞老化のメカニズムはテロメアだけで説明できるわけではなく、まだ不明な点が多いです。ただし、分化したヒト細胞では、分裂のたびにテロメアが短くなり、ある程度以下の長さになると老化を誘導するのは確かです。それではなぜ、分化した細胞では、幹細胞で発現していたテロメア合成酵素の働きをわ、ざ、わ、ざ、止めて、結果的に老化を誘導するような勿体無いことをするのでしょうか？

言い換えれば、そもそもなんで細胞を老化させる必要があるのでしょうか？

——さて、ここでまた、この本の重要な視点となる「進化が生き物を作った」に立ち返ってみましょう。老化という性質を持った個体が選択されて生き残ってきた、と考えると、この細胞を捨てるような無駄な行為にも意味があるはずです。

実はこの「老化の意味」はいくつか考えられます。ここでは一般的な説から紹介いたしましょう。

もし細胞が老化して死なないとどうなるか、想像してみます。細胞の入れ替わりが起こらないので、どんどん古い細胞が溜まっていくことになります。そして時間とともに細胞の中身の構成成分は劣化していきます。

例えば、細胞が生きていく上ではエネルギーを作らないといけません。具体的には細胞内でミトコンドリアが酸素呼吸を行い、糖を「燃やして」エネルギーを作り出す作業です。

このときに副産物として必ず酸化力の強い「活性酸素」が生じます。リンパ球が細菌などの侵入者を殺菌、分解する際に、活性酸素を利用するなど、有効な使われ方もしますが、活性酸素には、細胞の構成成分（タンパク質、核酸、脂質）を酸化、つまり錆びさせてダメにする副作用もあります。もちろんこのような錆を取り除く機能も細胞にはありますが、その機能自身も徐々に錆び付いてくるので、細胞の機能は時間とともに少しずつ低下してきます。

ここで厄介なのは、機能が低下した細胞がそのまま静かに停止したまま死んでくれればいいのですが、中には異常になってしまうものも現れます。一番困るのはがん化です。ヒトの体には約37兆個の細胞があり、そのうち一つでもがん細胞が生き残り、そのまま増殖を続けると、その個体が死んでしまう——つまり他の全ての細胞が死んでしまうことがあるのはご存じの通りです。

このがん化は、多細胞生物の持つ最大のリスクであり、宿命と言ってもいいかもしれません。ちなみに単細胞生物では、異常になってもその細胞1つだけが死んでおしまいです。

がんはゲノムの変異で起こります。ゲノムの変異は、DNA合成酵素のミスなどによって分裂のたびに蓄積していきます。そのうちに細胞増殖のコントロールに関わる遺伝子が壊れると、制御不能になってどんどん細胞が増殖し、がん化することは容易に想像できます。

これは確率の問題で、変異が溜まれば溜まるほど、がん化の確率は確実に上がってきます。前述（図4-2）のように、ヒトの場合には55歳くらいから、がんによる死亡率が急激に上昇するのはそのためです。

がん化のリスクを避ける2つの機能

生物は多細胞化の進化の過程で、がん化のリスクを最小限にすべく全細胞のクオリティコントロール（品質管理）の機能を獲得しました。つまり、そういう機能を持った生物が選択されて生き残りました。その機能は2つのメカニズムに支えられています。一つが免疫機構で、もう一つが細胞老化機構です。

免疫機構は外部からの細菌やウイルスなどの侵入者のみならず、老化した細胞やがん細胞など異常細胞も攻撃し、排除する働きがあります。これらの異常細胞が放出するシグナル因子は、マクロファージやT細胞などの免疫細胞を活性化させて、自分を攻撃して食べてくれるように促し、やがてそれらによって排除されます。これは正常な生理作用であり、私たちの体の中で常に起こっている反応です。

ただ免疫細胞が全ての異常細胞を綺麗に取り除いてくれるわけではなく、厄介なのはがん細胞です。がん細胞には変異によって正常な細胞のふりをして、免疫細胞を抑える働き（免疫チェックポイント）を持ち、攻撃を回避するものがいます。免疫チェックポイントとして有名なのはがん細胞の表面に存在するPD-L1というタンパク質です（図4-7）。PD-L1を持つがん細胞に免疫細胞（T細胞）がくっつくと、がん細胞と認識されず、攻撃を受けません。そのためがん細胞はどんどん増殖します。

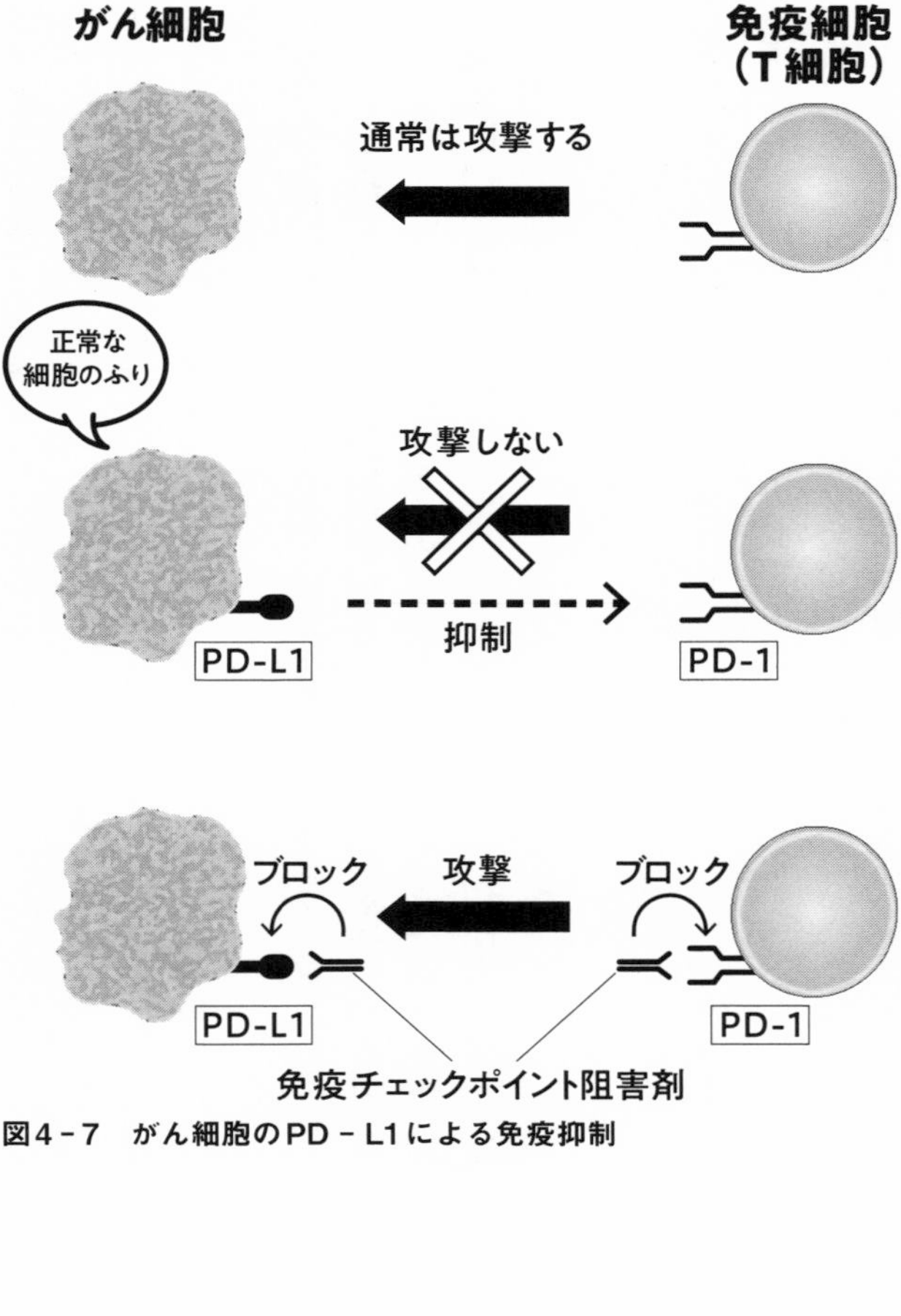

図4－7　がん細胞のPD－L1による免疫抑制

そこでこの性質を逆に利用して開発された抗がん剤が、「免疫チェックポイント阻害剤」という新しい薬です。具体的には、PD‐L1やそれと結合する免疫細胞（T細胞）のPD‐1を認識する抗体です。これらの抗体は免疫チェックポイントを阻害し、T細胞を活性化することでがん細胞を攻撃します。PD‐L1を発現しているがんには有効です。京都大学の本庶佑《ほんじょたすく》は免疫チェックポイント阻害剤を利用した「がん免疫療法」の開発によって2018年のノーベル生理学・医学賞を受賞しました。

もう一つの多細胞生物の細胞の品質管理機構は、「細胞の老化」です。免疫機構は異常な細胞を探し回り、見つけて排除しますが、細胞老化は、例えばテロメアは細胞の分裂のたびに短くなり、一定回数の分裂後に老化を誘導して、無制限に細胞が分裂するのを防ぐ役割があります。

つまり細胞老化には、活性酸素や変異の蓄積により異常になりそうな細胞を異常になる前にあらかじめ排除し、新しい細胞と入れ替えるという非常に重要な働きがあるのです。これによって、がん化のリスクを抑えているのです。なぜ、テロメア合成酵素の働きをわざわざ止めて老化を誘導するという勿体無いことをするのか――この問いに対する答えは、ここにありました。

幹細胞も老化する

テロメアは、細胞の分裂回数をカウントし、それを制限する「リミッター」で、この作用は分化した細胞で共通しています。おかげで、異常が出る前に細胞を新しいものと入れ替えることができると考えられています。これは、体から取り出した細胞が試験管の中で分裂できる回数に限界があること、その限界がテロメア合成酵素を働かせると、解除されることから推察されます。

しかし、全ての細胞が同じように傷つきやすく、異常化するリスクを持っているわけではありません。また体の中で老化した細胞のテロメアが、実際に短くなっているのかもよくわかっていません。霊長類の寿命と実際のテロメアの長さがあまり関係がないことも知られています。生物の体は、そんなに単純ではないのです。

代謝が活発な細胞は、より多くの活性酸素を出します。皮膚の細胞は内臓の細胞に比べてより多くの紫外線や放射線にさらされます。腸や肺の細胞は外部からの有害な化学物質に出会うことが多いでしょう。こうした細胞では、テロメアの長さが分裂ごとに短くなってリミットに到達する前に、異常化する可能性があります。これだと予防線としてのテロメアの意味がありません。

そのため細胞には、実際に生じるＤＮＡの傷を感知して細胞老化を誘導する機構（ダメージセンサー）が備わっています。こちらのほうが細胞老化の誘導には大きな貢献をしていると思われます。先ほどお話ししたように、特に新しい細胞を作り出す幹細胞や生殖細胞は、もともとテロメアの短縮はほとんど見られずリミッターが働かないので、分裂のたびにゲノムに傷が溜まっていくことになります。そこから分化してできる細胞もその傷ついたDNAを持つ幹細胞からできるわけですから、やはりテロメアの老化スイッチがオンになる前に、ダメージセンサーがオンになり、老化を引き起こします。

幹細胞に蓄積した傷は、徐々に細胞の機能を低下させ、新しい細胞を供給する能力が低下し、老化した細胞を元気のいい細胞と入れ替えることができなくなってきます。これは取りも直さず組織の機能を低下させ、やがてヒトを死へと導きます。つまり、「幹細胞の老化」が個体の老化を引き起こすのです。

老化が速く進行する病と原因遺伝子

ヒト早期老化症という寿命が短くなる潜性（劣性）の遺伝病があります。潜性というのは、その遺伝子を父、母の両方から受け継がないと症状として現れてこないことを意味します。つまり父、母どちらかから顕性（優性）の遺伝子を受け継いだ場合には、「潜んで」表に出てきません。

ヒト早期老化症の種類と原因遺伝子

疾患名	原因遺伝子
ウェルナー症候群	WRNヘリカーゼ（修復酵素）
ハッチンソン・ギルフォード・プロジェリア症候群	ラミンA（修復関連酵素）
コケイン症候群	CSAなど（修復酵素）
ブルーム症候群	BLMヘリカーゼ（修復酵素）
色素性乾皮症	NER関連遺伝子（修復酵素）
ロスムンド・トムソン症候群	RecQL4ヘリカーゼ（修復酵素）
ダウン症候群	21番染色体トリソミー

図4－8　ヒト早期老化症の原因は、DNAの修復機能の低下

ヒト早期老化症では、通常思春期頃から急速に老化が進行し、50歳ほどで亡くなる場合が多いです。主要なものとしては7種類の早期老化症が現在までに知られており、それらの原因遺伝子もすでにわかっています（図4－8）。

興味深いことに、ダウン症を除く全ての原因遺伝子はDNAの傷を直す修復酵素の遺伝子の変異です。つまりDNA修復がうまくできなくなることで、老化が速く進みます。特に、ウェルナー症候群、ブルーム症候群、ロスムンド・トムソン症候群の原因遺伝子は、大腸菌のRecQと呼ばれる修復酵素の類似遺伝子（ホモログ）です。このことから、これらの原因遺伝子は細菌とヒトの共通の祖先、つまり太古の生物がDNAを遺伝物質として使い始めてからずっと持ち続けている重要な遺伝子と考えられます。

この酵素には、DNAの2本鎖をほどいて修復酵素が働きやすくする作用があります。細胞が分裂する前のDNAを合成する時期にDNA合成酵素が何かの原因で止まってしまうと、そこでDNAの切断が生じることがあります。ズボンのファスナーが途中で引っかかって無理に開こうとして壊れてしまうような感じです。

DNAが切れてしまったときには、DNAの「2本鎖」という性質が役に立ちます。つまり切れた末端のうち1本が削られて残りの1本が露出します。この鎖が、DNA組換え修復酵素の助けを借りて同じ配列（相同配列）を探し出し、DNAの2本鎖に割り込んで

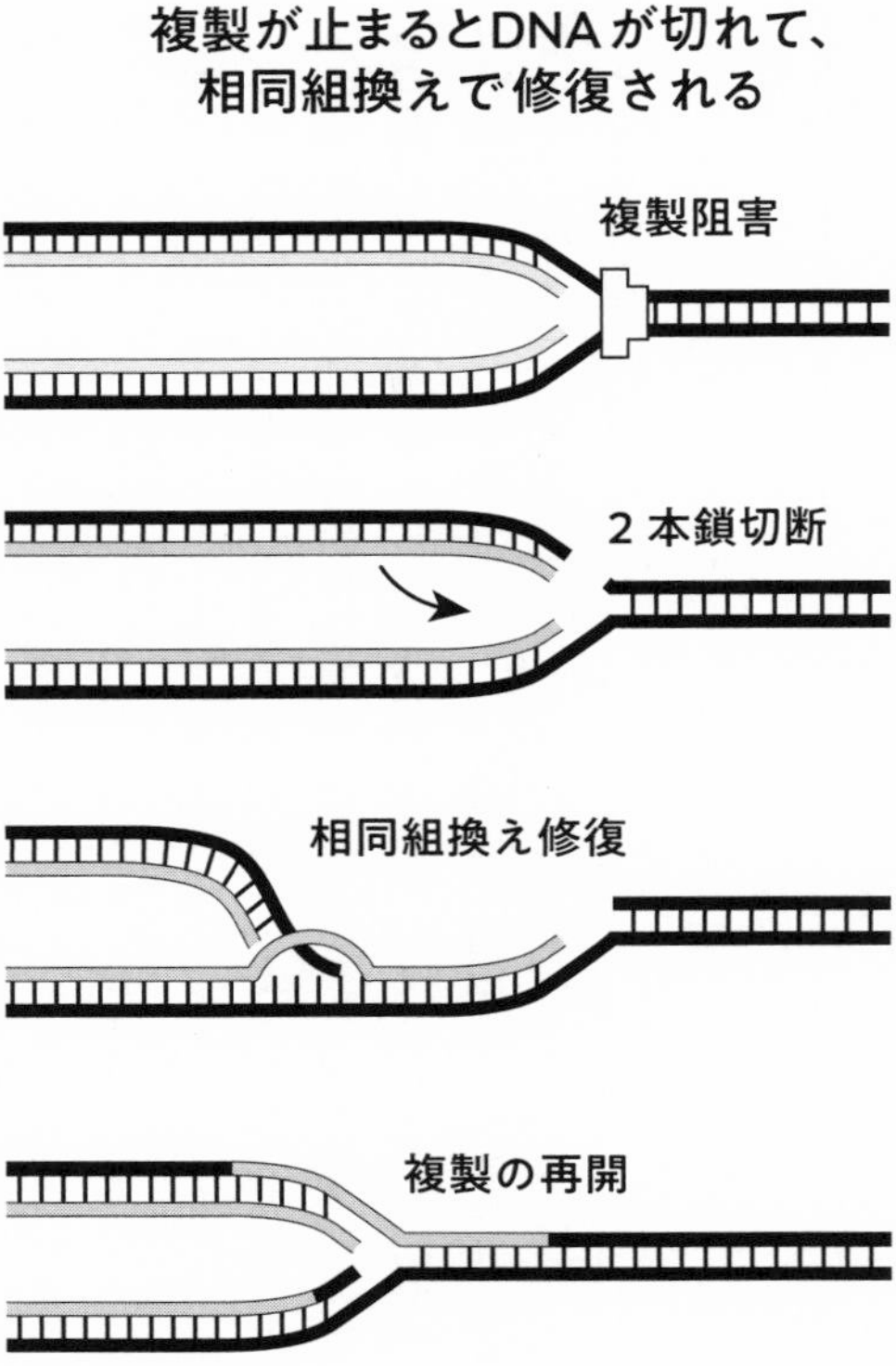

図4－9　DNAの修復機構

入ります。その割り込んだ配列は切れた配列と同じ配列を持っていますから、そこでコピーを取り、切れて失われた配列を補って修復します。RecQ類似酵素は、この一連の修復反応に関わります（図4-9）。

早期老化の原因は「DNAの傷」

別の早期老化症である色素性乾皮症は、紫外線などに皮膚が過敏に反応してしまう潜性遺伝病で、皮膚がんが通常の2000倍の頻度で生じます。この原因遺伝子も、やはりDNAの修復に関わっています。DNAに紫外線が当たると、配列がチミン-チミン（T-T）の場所で化学反応が起こり、チミン同士が繋がってしまいます。このままだと、そこが遺伝子内の場合には転写がそこで止まりますし、DNAの複製もそこで止まってしまいます。DNAの複製が止まると、DNAが切れてしまうことがあり、その場合には前節で述べたような相同配列を利用して修復します。ただ、この修復もリスクがあり、別の場所に似たような配列があると間違ったところに入り込み、正しく修復できないで変異を起こしてしまうことがあります。

このような「DNAの傷」は太陽の光を浴びると何万ヵ所も生じます。色素性乾皮症の原因となる遺伝子には、これらの傷のある「鎖」を発見し、取り除き、埋める働きがあります。つまり逆にこの遺伝子に変異のある色素性乾皮症では、傷の除去修復作用が弱まり、DNAの傷が残ってしまって変異が起こり、がんや細胞老化が生じやすくなります。コケイン症候群も同じような、皮膚が過敏に反応してしまう潜性遺伝病です。

少し脱線しますが、色素性乾皮症の女性が主人公の『タイヨウのうた』(2006年)という映画をご存じでしょうか? 主人公の10代の女性、雨音《あまね》薫《かおる》は、夜に駅前で歌っているストリートミュージシャンです。その彼女に高校生の青年、藤代《ふじしろ》孝治《こうじ》が恋をして、二人は愛し合うようになります。薫は色素性乾皮症のため日の光を浴びることができず、夜明け前に猛ダッシュで家に帰らないといけません。制約のある恋だったのです。薫は自分の病気を隠しており、孝治は薫の行動を不審に思いますが、彼女の症状が悪化していき、やがて二人に悲劇が訪れます。映画では薫をYUIさん、孝治を塚本高史さんが演じています。そのあとテレビドラマにもなりました。少し悲しいラブストーリーですが、短い青春を、一生懸命生きる若者の姿が印象的です。機会があったらぜひご覧ください。

話を元に戻します。ハッチンソン・ギルフォード・プロジェリア症候群、いわゆるプロジェリアは、他の早期老化症が成人から50歳くらいまで生きられるのに対して、多くが子供の頃に亡くなってしまう、一番短命でしかも症状が強い病気です。テレビの番組などでも度々取り上げられているので、プロジェリアの患者であるアシュリーちゃんやサムくんなどの名前をご存じの方もおられると思います。幼少の頃から白髪、脱毛、関節炎などの老化症状が現れ、寿命は長くても13歳くらいです。

原因遺伝子は、ラミンAという細胞の核膜の内側に張り付いているタンパク質です。ラミンAは直接DNAの修復には関わっていませんが、DNAの傷を検知し修復作用を活性化する働きがあり、その働きが弱まることで老化が進行します。

ダウン症候群は、卵細胞ができるときに染色体がうまく分離できずに21番染色体が受精卵で3本になります。原因はまだよくわかりませんが、やはり短命になります。

以上のように早期老化を引き起こす病気は、ダウン症を除いてはDNAの修復に関わること、加えて紫外線などでDNAに傷を受け続けると細胞でも組織でも老化現象が見られることから、DNAの傷が細胞および個体の老化を誘導していることがわかります。

進化によって獲得された老化

ヒトは老化によって引き起こされる病気で死ぬようになったということをお話ししてきました。本章の内容をまとめると、細胞が分裂を繰り返すとゲノムに変異が蓄積し、がん化のリスクが上がります。これを避けるため、免疫機構や老化の仕組みを獲得して、細胞の入れ替えが可能になりました。これで若いときのがん化はかなり抑えられますが、それでも55歳くらいが限界で、その年齢くらいからゲノムの傷の蓄積量が限界値を超え始めます。異常な細胞の発生数が急増し、それを抑える機能を超え始めるのです。そこからは病気との闘いとなります。別の言い方をすれば、進化で獲得した想定（55歳）をはるかに超えて、ヒトは長生きになってしまったのです。

老化のメカニズムは全て解明されたわけではありませんが、テロメアの短縮が起こりにくい幹細胞は、ＤＮＡに傷がつくことで老化が促され、結果として個体を死に導いているようです。ヒト早期老化症についても紹介しましたが、こうした疾患も、ヒトの多様性という意味で生き残ってきた性質と考えることも可能です。

老化が死を引き起こすというのは、生き物の中でも特にヒトに特徴的ですが、「進化が生き物を作った」とすれば、老化もまた、ヒトが長い歴史の中で「生きるために獲得してきたもの」と言えるのです。

第5章　そもそも生物はなぜ死ぬのか

ここまでの話で、生物の誕生から変化（変異）と選択（絶滅あるいは死）の繰り返しによる多様性の形成・進化そして生物やヒトの死に方について見てきました。前章では、私たちヒトの体内でわざわざ細胞を死なせるプログラムが遺伝子レベルで組み込まれていることを紹介し、ヒトが老化によって死に至る仕組みについてお話ししましたが、「死」の意味が少しずつ見えてきたでしょうか。

改めておさらいしておきます。遺伝子の変化が多様性を生み出し、その多様性があるからこそ、死や絶滅によって生物は進化してこられました。その過程で私たち人類を含むさまざまな生き物は、さまざまな死に方を獲得してきました。現在も「細胞や個体の死」が存在し続けるということは、死ぬ個体が選択されてきたということです。「進化が生き物を作った」という視点から考えると、「生き物が死ぬこと」も進化が作った、と言えるのではないでしょうか。

こうした段階を経て、いよいよ本書の主題である「そもそも生き物はなぜ死ぬのか」という問いを考える準備が整いました。

最終章となる本章では、これまでの内容を踏まえて、私たちは「死」をどのように捉えるべきなのか、生物学的見地から考えてみたいと思います。私たち人間にとって死は恐れるべき存在ですが、現代では、老化に抗い、死を遠ざけるための医療技術も進歩しています。果たして、それは今後どのように進歩していくのでしょうか。そして、私たちは、なぜ死なないなければならないいのでしょうか——。

死はヒトだけの感覚

少し残酷な感じがしますが、多くの生き物は、食われるか、食えなくなって餓死します。これをずっと自然のこととして繰り返しており、なんの問題もありませんでした。つまりざっくり言うと、個々の生物は死んではいますが、たとえ食べられて死んだ場合でも、自分が食べられることで捕食者の命を長らえさせ、生き物全体としては、地球上で繁栄してきました。

寿命で死ぬ場合も基本的には同じで、子孫を残していれば自分の分身が生きていることになり、やはり「命の総量」はあまり変わっていません。食う、食われる、そして世代交代による生と死の繰り返しは、生物の多様化を促し、生物界のロバストネス（頑強性、安定性）を増しています。つまり生き物にとっての「死」は、子供を産むことと同じくらい自然な、しかも必然的なものなのです。

事実、自身の命と引き換えに子孫を残す生き物、例えばサケは産卵とともに死に、死骸は他の生き物の餌となり、巡り巡って稚魚の餌となります。もっと直接的な例ではクモの一種であるムレイワガネグモの母グモは、生きているときに自らの内臓を吐き出し、生まれたばかりの子に与え、それがなくなると自らの体そのものを餌として与えます。まさに、「死」と引き換えに「生」が存在しているのです。

一方、ヒトの場合は少し複雑です。死に対する恐れは非常に強く、特に身内の死には大変なショックを受けます。私事で恐縮ですが、私の母は、夫（つまり私の父）が突然心不全で亡くなったときに、あまりのショックで「自分が違う世界にきてしまったように、全てのものが以前とは違って感じられる」と言っていました。配偶者や近親者の死は、間違いなくヒトが受ける最大級のストレスです。

このように、死に対してショックを受けるのは、言うまでもなく、ヒトが強い感情を持つ生き物であるためです。喜んだり悲しんだりもそうですが、特に相手に同情したり共感する感情は、霊長類や大型哺乳類、鳥の一部にも見られますが、ヒトのそれは他の生き物より抜きん出て強いです。

この同情・共感する感情は「優しさ」と言ってもいいのかもしれません。死を怖がる気持ちは、自分が死んだら周りの人が悲しむだろうな、苦労するだろうなという想像からもきています。この同情心（人に対する優しさ）、徳（全体に対する優しさ）などの人間らしい感情・行動は、やはり変化と選択の進化の過程で獲得したものです。つまり、自分だけが生き残ればいいという利己的な能力よりも、集団や全体を考える能力のほうが重要であり、選択されてきたのです。そこから来る死に対する悲しみや恐れは、もっとも人間らしい感情と言ってもいいかもしれません。

このような感情豊かに発達した脳とは裏腹に、体の構造は他の動物とあまり変わりません。容赦なく死は訪れます。発達したヒトの脳は、当然それから逃れる方法はないかなどと考えます。なんとか老化を免れる方法はないだろうか――つまりアンチエイジングという考えが生まれます。

多様性のために死ぬということ

アンチエイジングの話に入る前に、復習も兼ねて、生物の多様性と死について整理しておきましょう。

生き物が死ななければいけないのは、主に2つの理由が考えられます。その一つは、すぐに思いつくことですが、食料や生活空間などの不足です。天敵が少ない、つまり「食われない」環境で生きている生物でも、逆に数が増えすぎて「食えなくなる」ことはあるでしょう。この場合、絶滅するくらいの勢いで個体数の減少が起こり、その後、周期的に増えたり減ったりを繰り返すか、あるいは少子化が進み、個体数としては少ない状態で安定し、やがてバランスが取れていきます。

少し脱線しますが、この生物学をヒトに当てはめてみます。たとえば現在の日本人は、食料や生活空間の不足はほとんどないのですが、保育所や教育環境、親の労働環境など、いくつかの子育てに必要な要素が不足しています。それにより、子供を作れなくなる少子化圧力が強まり、出生数は減り続けています。死亡率が上がるのも、出生率が下がるのも、人口が減るという意味では同じです。

この減少が、日本人の絶滅的な減少に繋がるか、あるいは出生数が低い状態で安定するのかは、今後これらの少子化圧力要因がどのくらい改善されるかにかかっています。不足は衣食住の物質面だけでなく、精神面においてもあります。子供を作りたくなるという将来の不安要素は、当たり前ですが確実に少子化を誘導します。私は、何も対策を取らなければ、残念ですが日本などの先進国の人口減少が引き金となり、人類は今から100年ももたないと思っています。非常に近い将来、絶滅的な危機を迎える可能性はあると思います。未来への投資は簡単ではありませんが、手遅れにならないうちに真剣に取り組むべきです。

さて、話を元に戻します。生き物が死ななければいけないもう一つの理由は、本書を最初から読まれている方はもうおわかりのことと思いますが、「多様性」のためです。こちらのほうが、生物学的には大きな理由です。

というのは、先に述べた「食料や生活空間の不足」は結果論で、しかも限られた空間で生活している生き物の話であって、一般的な「死ななければならない理由」ではありません。不足が生じた場合、どこか新しい場所に移動したり、新しく食べられるものを探し出したりすればいいのです。本当の死ななければならない理由は、これよりも、もっと根本的なことです。

生物は、激しく変化する環境の中で存在し続けられる「もの」として、誕生し進化してきました。その生き残りの仕組みは、「変化と選択」です。変化は文字通り、変わりやすいこと、つまり多様性を確保するように、プログラムされた「もの」であることです。その性質のおかげで、現在の私たちも含めた多種多様な生物にたどり着いたわけです。

具体的には遺伝情報（ゲノム）が激しく変化し、多様な「試作品」を作る戦略です。変わりゆく環境下で生きられる個体や種が必ずいて、それらのおかげで「生命の連続性」が途絶えることなく繋がってきたのです。

そのたくさんの「試作品を作る」ためにもっとも重要となるのは、材料の確保と多様性を生み出す仕組みです。材料の確保については手っ取り早いのは、古いタイプを壊してその材料を再利用することです。つまり、本書で繰り返しお話ししてきた「ターンオーバー」です。ここにも「死」の理由があります。

多様性を生み出す「性」という仕組み

次に、多様性を生み出す仕組みについてですが、体の構造が複雑になると、生命誕生時に行われていたような、偶然に任せてバラバラにして組み直すようなフルモデルチェンジは、マイナス面のほうが大きくなりました。もっと巧みな方法で、ある程度変化を抑えつつ多様性を確保するマイナーなチェンジが必要です。

そこで登場したのが、オスとメスがいる「性」という仕組みです。性の目的は有性生殖です。まずは、それぞれの体で色々な染色体の組み合わせを持った配偶子（卵や精子）を作ります。ヒトを例にとると、女性には22対の常染色体計44本と、2本の性染色体（XX）の合計46本の染色体があります。男性では同様に常染色体44本と性染色体（XY）の合計46本となります。対（ペア）となっている染色体は性染色体（XX）も含めて、1本は母親から、もう1本は父親から受け継いだものです。男の子の性染色体（XY）のYは必ず父親から受け継ぎます。

さて、男性の場合、1つの精子の元となる細胞（精母《せいぼ》細胞）から、減数分裂という染色体数が半分になる特殊な分裂により4つの精子ができます。その過程でそれぞれの染色体の対からランダムに1本が選び出され、1つの精子に入ります。その組み合わせ数は、2の23乗通り（約800万）になります。つまり約800万種類の精子ができるわけです。

これでもすごい数ですが、その染色体の振り分けの際に2本の相同染色体がくっついて（対合《ついごう》と言います）、同じ種類の遺伝子間で「相同組換え」という部分的な交換が起こります。それぞれの相同染色体の1本は母親、もう1本は父親からきているので、ここでぐしゃぐしゃというまではいきませんが、ある程度染色体の中身（組み合わせ）が変わります（図5－1）。

ただし、X染色体とY染色体は配列が大きく異なるので、部分的にしか対合しません。相同組換えによる部分的な交換もほとんど起こりません。相同組換えは女性側の卵の形成時にも起こり、受精では卵と精子がランダムに融合するので、受精卵の組み合わせはほぼ無限です。簡単に言えば、兄弟姉妹が仮に何十億人いたとしても、一卵性児（一卵性の双子や三つ子など）でない限り、自分と同じ遺伝情報を持った兄弟姉妹は現れません。

つまり有性生殖は、マイナーチェンジの多様性を生み出すために進化した仕組みです。本書的に言うと、進化は結果であり目的ではないので、有性生殖が多様性を生み出すのに有効だったから、この仕組みを持つ生物が選択されて生き残ってきたということになりますね。生物のほとんどがこの有性生殖の仕組みを大なり小なり取り入れています。

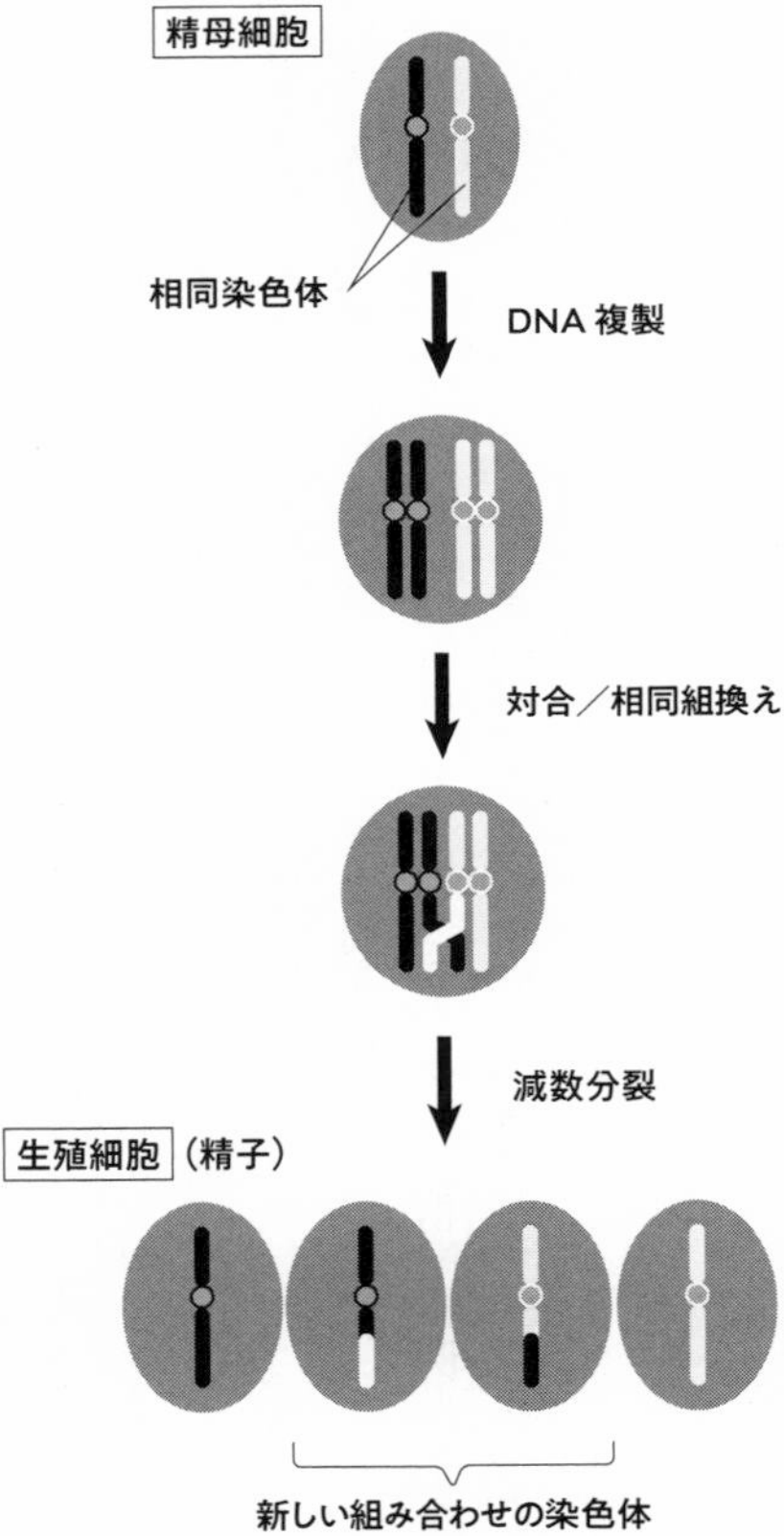

図5－1　精子形成時の組換えによる多様性の創出

この配偶子形成のための機構（減数分裂）も、主に酵母で研究されてきました。酵母で見つかった減数分裂に関わる遺伝子の多くは、マウスやヒトなどの哺乳動物でも働いています。このようにいろんな生物で共通して存在する遺伝子は、「保存された遺伝子」と呼ばれます。つまり、重要な働きを持ち、変わってしまうと配偶子が作れなくなるために、あまり変化できなかった（保存された）仕組みです。別の言い方をすれば、減数分裂が行われなくなると不都合が起きる、つまり多様性が獲得できずに生き残れなくなるほど必要な仕組みなのです。

興味深いことに、酵母で2本ある相同染色体の間での組換えを、変異体などを作ってわざと妨害してやると、配偶子形成そのものが起こらなくなります。つまり組換えは「あればいいな」のレベルではなく、絶対にないとダメな仕組みなのです。言い換えれば、配偶子形成は単に卵や精子を作るための機構ではなく、染色体の中身までをシャッフルして可能な限りの多様性を生み出すためのプロセスなのです。

細菌が持つ多様性の仕組み

実は、地球上にもっともたくさん、そしてもっとも古くから存在する生き物である細菌にも、有性生殖に似た遺伝子をシャッフルして多様性を創出する機構があります。

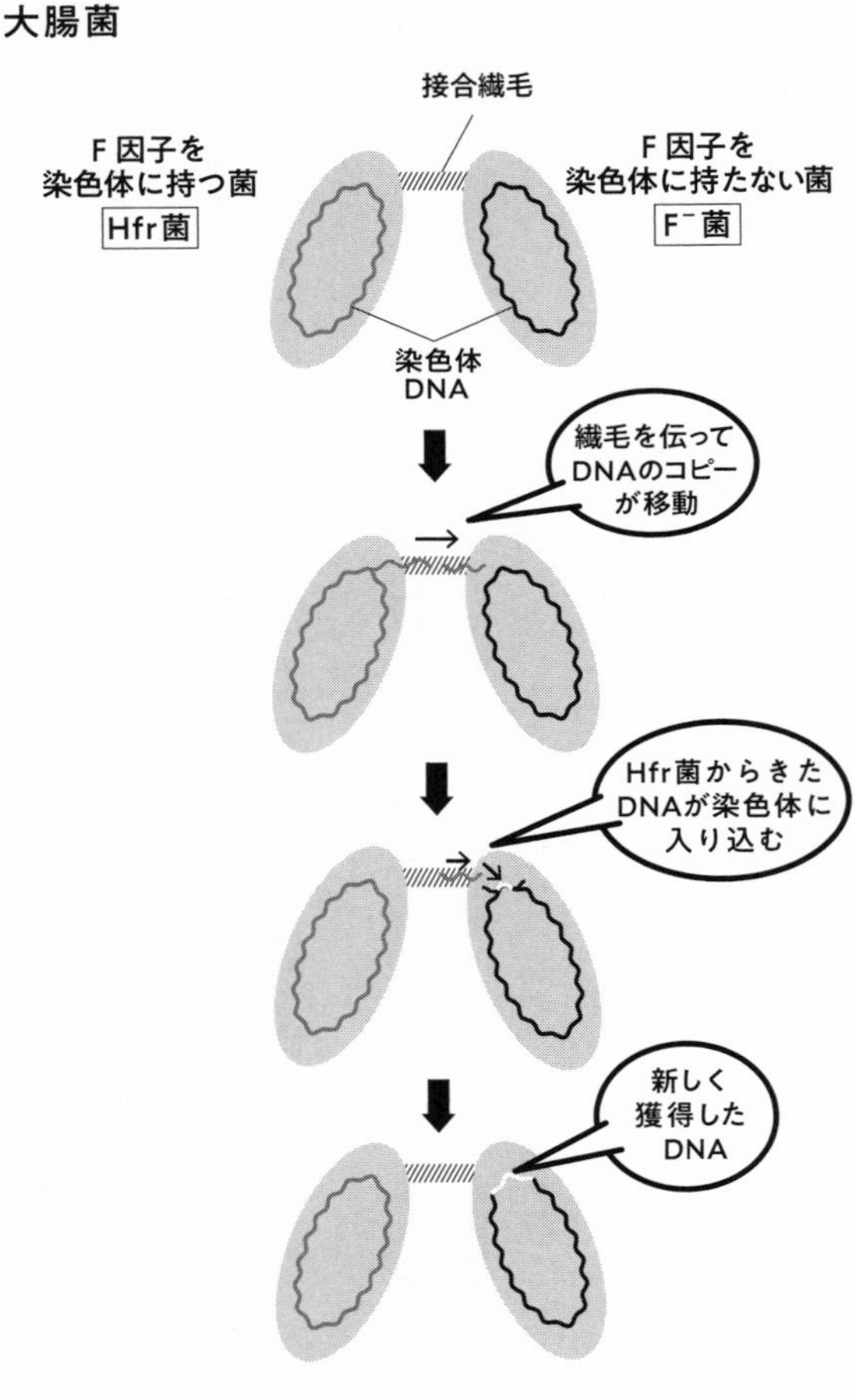

図5-2　F因子による細菌染色体の交換

大腸菌には染色体とは別にF因子という小さなDNAが存在します。F因子は時おり染色体の中に組み込まれて、そこでDNAの1本鎖の切断を引き起こし、DNAの複製が開始されます（図5-2）。

さらにF因子は接合繊毛と呼ばれる糸状の細胞同士を繋ぐ構造体の遺伝子を持っており、それによって他の菌と繋がります。F因子からのDNA複製によるコピーは、次々にヘビが枝を伝わるように、繊毛を伝ってF因子を持たない菌に移動します。その移動先の菌の中で、相同組換えにより、同じ領域間で入れ替わりが起こり、遺伝情報が移動します。

F因子による遺伝情報の交換は、性分化のもっとも初期のタイプと考えられています。このように生き物は、あの手この手で多様性（変化）を生み出そうとしているのです。

子供のほうが親より「優秀」である理由

さて本題に戻り、この性による多様性の獲得と死ななければいけない理由の関係です。

ここからは私の考えですが、生物の成り立ちは「変化と選択」による進化の賜物であるとお話ししてきました。性に関しては、卵・精子・胞子などの配偶子の形成および接合や受精が「変化」を生み出します。

一方「選択」は、もちろん有性生殖の結果生み出される多様な子孫に対して起こりますが、実は子孫だけではなく、その選択される対象に、それらを生み出した「親」も含まれているのです。つまり親は、死ぬという選択によってより一族の変化を加速するというわけです。

当然ですが、子供のほうが親よりも多様性に満ちており、生物界においてはより価値がある、つまり生き残る可能性が高い「優秀な」存在なのです。言い換えれば、親は死んで子供が生き残ったほうが、種を維持する戦略として正しく、生物はそのような多様性重視のコンセプトで生き抜いてきたのです。

多様性の実現に重要なコミュニティによる教育

となると、極端な話、子孫を残したら親はとっとと死んだほうがいいということにもなります。親は進化の過程で、子より早く死ぬべくプログラムされているわけです。

ご存じのように、確かにそのような生き物はたくさんいます。前にお話ししたサケなどはまさにそうですね。サケは川の最上流まで頑張って行って、そこで卵さえ産めば「親はすぐ死ぬ」でいいのです。昆虫などの多くの小動物は、サケ同様、子孫に命をバトンタッチして「あとはお任せします」といった具合に死んでいきます。

しかし、例えばヒトのような、子供を産みっぱなしにできない生き物の親は、そう単純ではありません。自分たちよりも（多様性に富んでいるという意味で）優秀な子孫が独り立ちできるようになるまでは、しっかり世話をする必要があります。つまり子育ては、遺伝的多様性と同程度に重要ということになります。

ヒトのような高度な社会を持つ生き物は、単なる保護的な子育てに加えて社会の中で生き残るための教育が重要です。そのために、親は元気に長生きしないといけません。親だけではなく、祖父母や社会（コミュニティ）も教育、子育てに関わります。ですのでヒトの場合は、親や祖父母の元気さ、加えて周りのサポートが大切になってきます。ヒトのみならず、大型の哺乳類は成長して自活するまで親やコミュニティの保護が必要なので、基本的には同じです。そして重要となってくるのは、親の存在のみならず「子育て（教育）の質」です。これは「社会の質」と言ってもいいかもしれません。

ここまでを一旦整理します。

生物は、常に多様性を生み出すことで生き残ってきました。有性生殖はそのための手段として有効です。親は子孫より多様性の点で劣っているので、子より先に死ぬようにプログラムされています。ただ、死ぬ時期は生物種によって異なります。大型の哺乳動物は大人になるまで時間がかかるため、その間、親の長期の保護が必要となります。ヒト以外の大型哺乳動物、例えばゾウなども、生きる知恵を、親を含めた集団（コミュニティ）から学びます。

このような生物学の死の意味から考えると、ヒトの場合、親や学校なども含めたコミュニティが、子供に何を教えるべきか自ずと見えてきます。まず、必要最小限の生きていくための知恵と技術を伝えるのは当然です。昔で言うところの「読み・書き・そろばん」で、現代の義務教育の教科になります。これは社会のルールを理解し、協調して生活するための最低限必要な教育です。

コミュニティが作る個性

ここからが重要ですが、次に子供たちに教えないといけないのは、せっかく有性生殖で作った遺伝的な多様性を損なわない教育です。ヒトの場合には、多様性を「個性」と言い換えてもいいと思います。親や社会は、既存の枠に囚われないようにできるだけ多様な選択肢を与えること、つまりは単一的な尺度で評価をしないことです。

加えて、この個性を伸ばすためには親以外の大人の存在が、非常に重要になってきます。自分の子供がいなくても、自分の子供でなくても。社会の一員として教育に積極的に関わることは、親にはできない個性の実現に必須です。特に日本は、伝統的に「家」を重んじ、しつけや教育をそこで完結させる文化があります。子供が小さいときには、基本はそれでいいのですが、個性が伸び始める中学・高校生くらいからは積極的にたくさんの「家の外のいい大人」と関わらせるべきです。私は、少子化が進む日本にとって社会全体で多様性を認め、個性を伸ばす教育ができるかどうかが、この国の命運を分けると思っています。

他人と違うこと、違う考えを持つことをまず認めてあげないといけませんね。残念なことに日本の教育は、戦後の画一化したものに比べて良くはなっていますが、まだそこまで若者の個性に寛容ではありません。若者が自由な発想で将来のビジョンを描ける社会が、本当の意味で強い社会になります。

正直に言って、個性を伸ばす教育というものは、ともすれば型にはまらないことを良しとする教育なので難しいです。それを達成するための一番簡単で効率的な方法は、「本人に感じさせること」でしょう。親やコミュニティが自ら見本を見せることです。また、親の世代も含めた社会全体で多様性（個性）を認め合うことが大切です。「君は君らしく生きればいいよ、私がやってきたみたいにね」という感じです。子供の個性の実現を見て、親はその使命を終えることができるのです。

補足ですが、個性的であることを強要するのは、違います。何が個性か、何が正解かは、誰も答えを知らないのです。それが多様性の一番の強みであり、予測不可能な未来を生きる力なのです。

長生き願望は利己的なのか？

こうしてお話ししてきたように、ヒトのように社会を持つ生き物は、まず社会を生き抜く作法を覚える必要があり、教育に時間がかかります。そのため、どうしても教育する側の親やコミュニティの年長者は簡単には死ねません。加えて先にお話ししましたが、ヒトは悲しみを共有する「感情の動物」であり、死にたくはないと思うものなのです。それでアンチエイジング、つまり少しでも長生きしよう、という発想が出てきます。

死ぬこと自体はプログラムされていて逆らえませんが、年長者が少しでも元気に長生きして、次世代、次々世代の多様性の実現を見届け、そのための社会基盤を作る雑用を多少なりとも引き受けることは、社会全体にとってプラスとなります。ですので、長生き願望は決して利己的ではなく、当然の感情です。またヒトの場合、長生き願望は死に対する恐怖という側面もありますが、その恐怖の根源には、しっかりと次世代を育てなければならない、という生物学的な理由があります。最低でも、子供がある程度大きくなるまでは頑張って生きないといけないのです。

そのような背景があり、老化を抑える研究なるものが登場しました。老化は自然な現象なので、医学として老化を抑えるというのは違和感がありますが、多くの病気は老化すると発症するため、その意味で老化の研究の価値はあります。また、そもそも老化そのものは、病気ではなく生理的な現象で、生物学の分野なので、医学だけでなく生物学としても老化研究が行われてきました。

アンチエイジング研究とはなんぞや

以下、ヒトならではの長生きするための研究、老化しないための研究について紹介しておきましょう。

老化を抑える研究の歴史は古く、秦の始皇帝（紀元前3世紀ごろ）が、不老不死の薬の研究を部下に命じ、完成した水銀入りの不老薬でかえって寿命を縮めた話は有名です。その後も、時の権力者は似たような要求を出しては失敗に終わっています。

もともと生物の進化の過程で死ぬようにプログラムされているので、不老不死はもちろん不可能、寿命を少々延ばすのも簡単ではありません。ただ、ヒトの社会を見てみても、長生きするヒトと短命なヒトがいるわけで、ある程度寿命を延ばす、というか長生きするヒトのほうに合わせることは可能だと考えられます。簡単に言えば、元気に長生きしているヒトの「長生きの理由」が研究によって解明されればいいのです。一番手っ取り早いのは、長生きの人が多い地域の食習慣などと寿命との関係性の分析です。例えば、ヨーグルトの摂取量と寿命が関係しているか？　みたいな感じです。実際に生活習慣との関係は、これまでもある程度は研究されてきました。

有名なものとしては、塩分の摂取と寿命との関係があります。かつて長野県は脳卒中発症率が日本でトップクラスでしたが、塩分摂取量などを県ぐるみで減らし、汚名を返上することに成功しています。そのほかテレビや雑誌でも、健康や長寿のために良いかもしれない食品や運動などに関する情報が再三流されており、日本人の多くは、すでにほぼ理想的で健康的な生活を実現していると思われます。その結果、ご存じのように日本は世界有数の長寿国となっているわけです。

しかし、日本人の寿命の延び率も第4章でお話ししたように鈍っており、そろそろ生活習慣や食生活での改善は限界にきています。ここで登場するのが、老化の生理現象そのものを解明して、その作用を抑制する抗老化薬（アンチエイジングドラッグ）を開発してやろうという試みです。

ヒトを含むほとんどの生き物は、「死ぬようにプログラム」されています。それはつまり、死に至る老化のメカニズムはきっちりと存在することを意味しています。そのメカニズムを解明してやれば、もしかしたら薬などで健康でいられる時間を延ばすことができるかもしれません。元気な高齢者が増え、医療費にかかる国家予算も減り、その分子育て支援や教育に使えたら素晴らしいですね。秦の始皇帝の夢よ再び、ということです。そして秦の時代と違って、現在の科学は比較にならないほど進歩しています。

寿命に関わる遺伝子

老化を抑える研究の歴史は長いですが、近年は、特に注目を集めている分野でもあります。社会的には先進国の高齢化が影響しています。多くの病気、特にがんと認知症は、加齢に伴ってその数が急上昇するため、これらの病気の治療法を探る上でも、老化そのもののメカニズムを知ることは有効です。

しかし、老化研究をヒトで行うのは難しいことが多いです。倫理的な制約に加えて、個人差が大きいことと、ヒトは寿命が長いので、結果を得るのに時間がかかるからです。ヒトの老化に伴う生理的変化の観察や分析はできますが、その根本となるメカニズムを調べるためには、やはりモデル生物を使って研究を行う必要があります。ヒトのモデルとして一番近いのはサルですが、サルも20年以上の寿命があり、例えば抗老化作用があるかもしれない薬の効果を調べるのは不可能に近いです。

次の候補はマウス（ハツカネズミ）ですが、第3章でもお話ししたように、マウスはヒトと違い「食べられて死ぬ」タイプの生き物です。つまり老化で死ぬわけではありません。そのため、「進化が生き物を作った」と考えると、老化しないようにする遺伝子の働きがすでに弱くなっている可能性があります。ヒトのモデルとしては、ベストとは言えません。しかも寿命も2〜3年とそこそこ長いので、研究にも時間がかかります。メダカやゼブラフィッシュなどの他の小型脊椎動物も、もともと老化で死ぬわけではないのでマウスと似ています。

残るはヒトとは少し離れている生き物ですが、酵母、線虫、ハエが候補になります。これらの生き物は寿命もそれぞれ数日、数週間、数ヵ月と短く、研究もしやすいです。実際に多くの寿命、老化に関わる重要な遺伝子は、この3つの生き物から最初に見つかっています。中でもお馴染みの酵母は寿命が約2日と短く、老化研究のエース的存在です（第3章、図3−5参照）。

酵母を使った老化研究でよく用いられる方法に、通常と違う性質を持った変異株（ミュータント）を使った遺伝学的解析手法と呼ばれるものがあります。変異によって通常より寿命が短くなったり、逆に長くなった変異株を探して、その原因となる変化した遺伝子を見つける方法です。例えば、寿命が短くなった変異株の中には、寿命を長く維持する遺伝子が壊れている場合がありますし、また寿命が長くなった変異株の中には、寿命を長くなりすぎないように抑制する遺伝子が壊れている場合があります。

そのような寿命に関わる変異株を探索したところ、たくさんの種類の寿命に関連する遺伝子が見つかってきました。中にはどうしてこの遺伝子が寿命に関わるのかわからないものや、ただ細胞の調子が悪くなって寿命が短縮したようなものも多数含まれています。それらの関係なさそうな遺伝子は除いて、その後有名になった3つの遺伝子について紹介します。

1つ目は、栄養分である糖の代謝に関わる遺伝子GPR1（ジーピーアールワン）です。GPR1が壊れると、酵母の寿命が約50%延長します。この遺伝子にコードされているGpr1タンパク質は、糖センサーとして糖が細胞の周りにあることを細胞内部に伝えて、それを利用する準備を促す作用があります。このセンサーがうまく働かないと、外の栄養をうまく利用できなくなります。その結果、細胞の生育は遅くなり細胞のサイズも小さくなりますが、寿命は長くなります。

ちなみに酵母のタンパク質名は、先頭以外を小文字で表記し（Gpr1）、そのタンパク質を作る遺伝子は全て大文字で表記する（GPR1）というルールがあります。

少なめの食事は健康にいい？

栄養がうまく利用できないと長生きになるのはなぜなのでしょうか。少し脱線しますが、解説してみましょう。

多くの生物では、栄養の摂取量が少し減ると寿命が延びます。これは「食餌制限効果」または「カロリー制限効果」と呼ばれています。酵母でも餌に含まれている糖分の割合（通常2％）を4分の1（0・5％）に減らすと、寿命が約30％延長します。つまり、普通は20回分裂して2日で死んでしまうところが、26回分裂できるようになるわけです。分裂にかかる時間も長くなるので、生存している時間がかなり延長します。

同様の食餌制限の実験は、サルでも行われました。通常必要とされるカロリーの70％で飼育すると、寿命の延長は酵母ほど劇的ではありませんが、病気と死亡リスクの低下が確認されています。やはり昔から言われるように、腹八分目が体にいいのです。

食餌を減らすと寿命が延びる理由の一つとして、代謝の低下が考えられています。生物は呼吸によって栄養を燃やして、エネルギーを得ています。エネルギーは、細胞の活動や、哺乳動物の場合には体温を維持するのにも使われます。当然、栄養が多ければそれだけ燃やす量も多くなります（「代謝が活発になる」と言います）が、副産物も多く出ます。

その一つが活性酸素で、前にもお話ししたように、これがＤＮＡやタンパク質を酸化し、それらの働きを低下させます。この活性酸素の量が食餌制限によって減少し、寿命延長に貢献していると考えられています。

そしてグルコースセンサーであるＧｐｒ１タンパク質がうまく機能しないと、たとえグルコースが十分にあっても、それを感知・利用できないので、カロリー制限と同様に代謝が低下し、寿命延長の効果が得られると考えられています。ＧＰＲ１以外のグルコース代謝に関わる一連の遺伝子の変異も、やはり寿命を延長します。

リボソームＲＮＡ遺伝子の安定性のメカニズム

寿命が変化する代表的な遺伝子の残りの2つですが、お互いに関係がある遺伝子です。それらはリボソームＲＮＡ遺伝子の安定性に関わるものです。リボソームについては第1章で、リボソームＲＮＡ遺伝子については第3章で少し触れましたが、ここで復習しておきます。

リボソームは全ての生物が持っている細胞内でタンパク質を合成する装置で、その働きはリボソームＲＮＡが担っています。リボソームＲＮＡを作るための遺伝子（リボソームＲＮＡ遺伝子）は、真核細胞では同じ遺伝子が１００コピー以上直列に連なる繰り返し構造を取っています。コピー数が多いため、例えば1コピーの通常の遺伝子に比べて100倍以上の確率で変異が入ります。

また、コピー間の組換えで遺伝子が抜け落ちる脱落を起こしたり変化を起こしたりしやすく、別の言い方をすれば不安定な領域です。もちろん、変異は正常なリボソームの働きを妨げますし、コピーが減ってしまうと、必要量のリボソームRNAを生産できなくなってしまい、細胞は正常に生育できません。

そこで細胞は、進化の過程でリボソームRNA遺伝子のコピー数を増やす「遺伝子増幅作用」を獲得しました。というか、本書の言い方では、遺伝子増幅できるように変化をした細胞が、リボソームの安定供給ができて選択され生き残ってこられたのです。この増幅機構は非常に精巧で、私が25年前にこの仕組みを見つけたときに「進化ってすごい！」と感動したことを今でも鮮明に覚えています。

少し専門的な話になりますが、なるべく簡単に説明すると、DNAの複製は細胞が分裂する前に1回だけ起こりますが、リボソームRNA遺伝子の増幅では部分的な複製が複数回起こります。まず細胞周期のDNA合成期に、複製開始点から複製が開始します。図5－3で言うと、右に進む複製（A）が複製阻害点にたどり着くと、そこに結合しているFob1タンパク質によって複製が止められます。「Fob1（フォブワン）」という名前

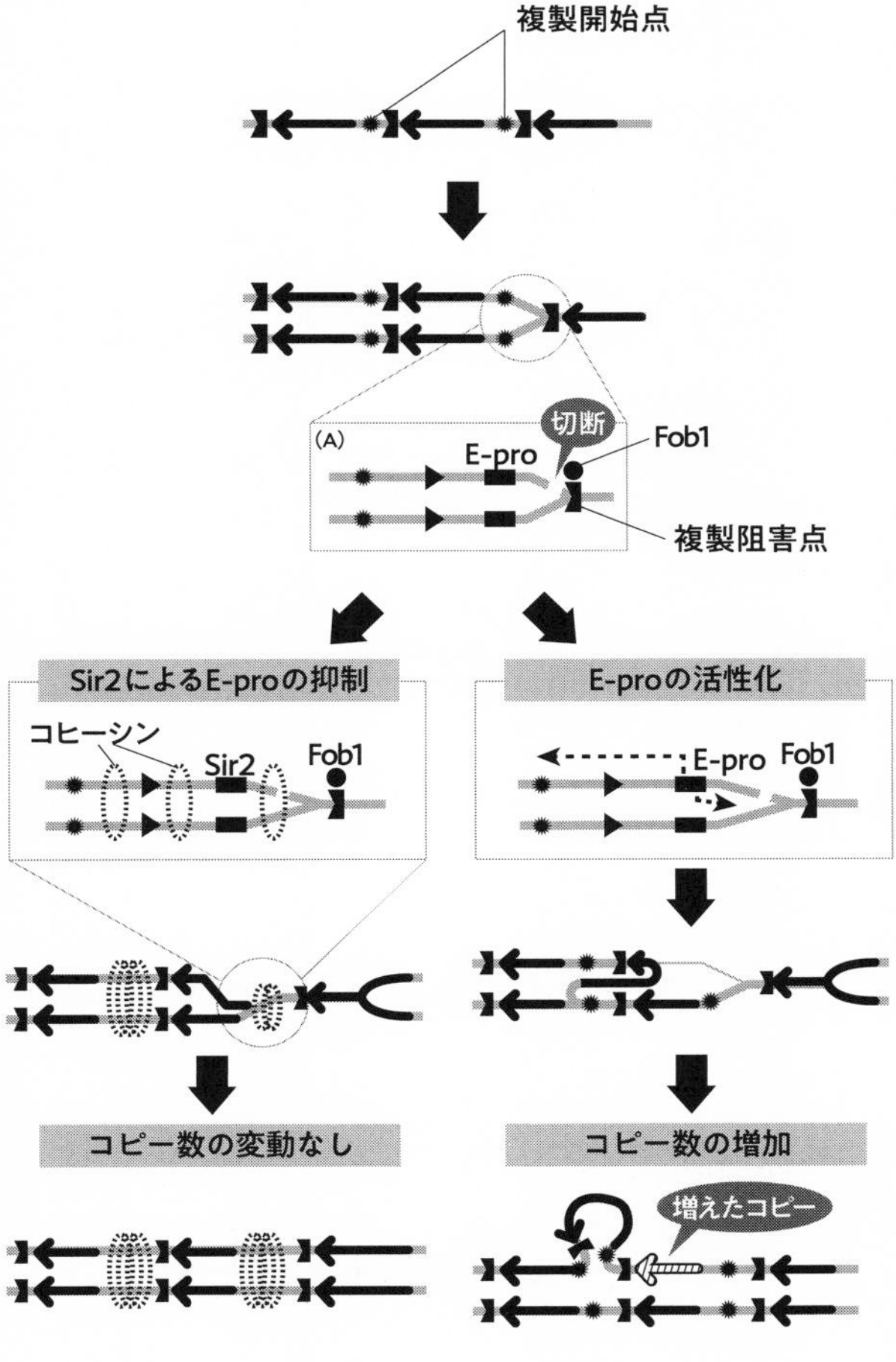

図5-3　リボソームRNA遺伝子の増幅機構

はfork block、つまり「複製の進行（複製フォーク）をブロックする」という意味からつけられました。「フォーク」という名称は、複製がまだ行われていない部分（図5－3（A）の右側）が持ち手で、複製された2本の「姉妹染色分体」（図中（A）の左側）が食べ物をすくい上げる部分に似ているからそう呼ばれています。

複製が止められると、その部分で1本鎖DNAが露出するので切れやすくなり、止められた複製フォークの10％、つまり10個に1個くらいの頻度で切断が起こります。DNAが切れると修復作用が働いて「相同組換え修復」が起こります。ここまでは第4章（図4－9）でお話しした通りです。

ここからが面白いです。切れた端が相同配列に入り込んで修復を開始しますが、通常はすぐ下の姉妹染色分体に全く同じ配列があるので、そこと組み換えて（入り込んで複製を再開して）、切れたところを直します。このような切れたその場での修復は、コヒーシンという姉妹染色分体を離れないようにまとめているリング状のタンパク質が助けています（図5－3の左）。

しかし、コピー数が減少すると、Ｓｉｒ2（サーツー）という転写を抑制するタンパク質が減少し、リボソームＲＮＡ遺伝子間にある非コードプロモーター（Ｅ－ｐｒｏ）が転写を開始します（図5－3の右）。「非コードプロモーター」というのは、通常、プロモーターは遺伝子（コード領域）の先頭にあり、その遺伝子を転写してｍＲＮＡを作りますが、非コードプロモーターはその名の通り、タンパク質を作るコード領域とは繋がっておらず、非コードのＲＮＡを産出します。

この非コードの転写が起こると、リング状のコヒーシンが転写に邪魔されてＤＮＡにくっつけなくなり、姉妹染色分体は離れてしまいます。すると切れたＤＮＡが横にずれて、隣のコピーの相同配列に入り込んで複製を再開します。ここはまだ仕組みがよくわかっていないのですが、コピー数が減っているときは必ず後戻りする方向に、つまり図でいうと左隣のコピーに入り込んで、同じところを再度複製してコピー数を増加させます。

真核生物は、このようにして減ったコピーを元に戻す「遺伝子増幅」能力を獲得したおかげで、リボソームをたくさん作ることが可能になり、細胞の巨大化に成功し、いろんな機能を持った細胞を作れるようになりました。例えばヒトの神経細胞は、長いもので１メートル以上あります。

もっとも不安定な遺伝子が寿命を決める？

話がまたまただいぶ脱線しましたが、寿命の話に戻ります。実は、この複製を止めて組換えを起こすＦＯＢ１と非コードの転写を抑えて「ずれた」組換えを防ぐＳＩＲ２が、寿命を変化させる有名な残りの2つの遺伝子なのです。FOB1が壊れると寿命が60%延長し、逆にSIR2が壊れると寿命が半分に短縮します。先に紹介したGPR1と、このSIR2、FOB1が、酵母で見つかった寿命に関わる3つの代表的な遺伝子です。

さて、これらFOB1とSIR2の働きから、寿命の決定機構としてどのようなことが考えられるのでしょうか？　一つには第4章のヒトの早期老化症のところでお話ししたように、ゲノムの安定性が関わっていると推察されます。FOB1が働かないと、複製が止まったりDNAが切れたりしないので、組換えが起こらずリボソームRNA遺伝子は「安定化」します。逆にSIR2が壊れると切れたDNAがあっちこっちにずれて組換えを起こすため、リボソームRNA遺伝子のコピー数が激しく変動し「不安定化」します。リボソームRNA遺伝子以外のゲノムには複製阻害配列はなく、このような不安定化は起こりません。

つまりこういうことです。ヒト早期老化症の原因遺伝子がDNAの修復（ゲノムの安定化）に関わる遺伝子でした。ゲノムが不安定化すると、がん化したら困るので、その前に増殖を止めるべく細胞の老化スイッチをオンにして細胞の老化を誘導します。リボソームRNA遺伝子はゲノムの中でいつもコピー数が減ったり増えたりしている、もっとも不安定な領域です。そのため、そこの安定性が一番はじめに悪化して老化スイッチをオンにしていると考えられます。つまり「メインの老化スイッチ」として働いているのでしょう。例えば、実際にFOB1を多量に発現させてリボソームRNA遺伝子の不安定性を増してやると寿命は短縮し、SIR2をたくさん発現させてリボソームRNA遺伝子をより安定化させると、寿命は延長します。

つまり、もっとも不安定なリボソームRNA遺伝子がゲノム全体の安定性を決めており、寿命を決めているのです。たとえて言うなら、クラスに100名の学生がいるとします。うち90名は、成績優秀でテストをすれば必ず満点。ただ残りの10名はそうでもありません。この場合、クラスの平均点はその10名にかかっています。この「そうでもない10名」が、リボソームRNA遺伝子になります。ちなみに酵母のリボソームRNA遺伝子は、ゲノム全体の約10％を占めています。

寿命を延ばす薬の開発

ここまで老化に関わるメカニズムがわかってくると、これをうまく使えば寿命が延ばせるのではないかと期待してしまいますね。実際にそのような研究は盛んに行われるようになってきています。

モデル生物レベルの実験結果ではありますが、寿命延長効果が確認できる化合物はいくつか出てきています。果たしてそれらがヒトの寿命を延ばせるかどうかは、ヒトでの検証実験が難しいため、なんとも言えません。副作用が少ないと思われる食品などに含まれる化合物については、サプリメントのようにして「信じて飲む」のも、ありかもしれません。これ以降に述べる老化抑制薬については、「まだ効くかどうかわからないが、可能性はあるな」くらいに思って、読んでいただければと思います。

まず、カロリー制限に類似した効果が期待される薬としてメトホルミンがあります。メトホルミンは糖尿病の治療薬として1940年代から使われている薬で、肝臓での糖新生を抑制し、血糖値を下げる作用があります。

この薬の投与を受けていた糖尿病の患者さんは長生きということが報告されました。モデル生物などを使って確認したところ、マウスなどでも延命効果が確認されました。糖尿病の患者さんに長いこと投与されていたので、ヒトでの効果のほうが先にわかった珍しい例です。予期せぬプラスの副作用があったわけです。

古くからある薬なので、すでに特許も消滅しており値段も安いです。ただ、アンチエイジング薬として糖尿病ではない健康な人が利用するには、まだ安全性と効果の確認が必要です。現在調べられているところです。

次に紹介するのは、ラパマイシンという薬です。臓器移植後の拒絶反応の軽減に用いられる免疫抑制剤で、がんの治療薬としても使われています。栄養などを感知して細胞を増殖させる「TOR（トア）経路」というシグナル伝達経路があるのですが、ラパマイシンはその伝達に関わるタンパク質を阻害する働きがあります。その働きによって代謝が低下するため、カロリー制限と似たような効果を引き起こすわけです。

ラパマイシンを餌に混ぜると、酵母、線虫、ハエで寿命の延長効果が見られます。マウスを用いた実験がアメリカなどのグループによって行われ、シニアのマウス（ヒトで60歳相当）の餌にラパマイシンを混ぜて与えたところ、オスで9％、メスで14％の寿命延長効果が見られました。ただ、ラパマイシンは免疫抑制効果があるため、健康なヒトには副作用が現れる可能性があります。

炎症を抑え、老化を抑制する方法

さて次に、ゲノムの安定性維持機構から考えられたアンチエイジング薬ですが、こちらも有望な研究があります。SIR2遺伝子は、酵母で多量に発現させるとリボソームRNA遺伝子組換えを抑えて安定化させ、寿命を延長する効果が確認されています。

SIR2遺伝子は、マウスやヒトにも同じ遺伝子（ホモログ〈類似〉遺伝子と言います）が存在します。そのホモログ遺伝子の一つSIRT6（サートシックス）をマウスで多量に発現させると、マウスの寿命が15%ほど延びます。またSir2タンパク質は、NAD$^+$（エヌエーディープラス）という補酵素を利用します。補酵素というのは酵素の働きを助ける低分子化合物で、それのみでは酵素としての働きはありませんが、Sir2に結合するとその働きを高めます。

体内でNAD$^+$に変化する前のNAD$^+$前駆体（NMN《エヌエムエヌ》）をマウスに投与すると、寿命延長効果が見られるばかりか、体力や腎臓機能の亢進《こうしん》、育毛などの若返り効果が見られます。すごいですね。繰り返しになりますが、これはあくまでもマウスでの話です。お忘れなく。

第4章で、老化した動物の組織では、老化した細胞がうまく除去されず、周りの細胞に炎症を引き起こす〝毒〟（炎症性サイトカイン）をばら撒き、組織の機能を低下させるという話をしました。

本来このような老化細胞は、初期の段階で細胞死（アポトーシス）を引き起こし、その後免疫細胞によって除去されるのですが、加齢に伴って、細胞死や除去する反応が低下してしまいます。そのため、細胞死を誘導する化合物やペプチドは、組織の老化細胞を殺して減少させ、炎症を抑えます。結果として老化抑制効果を示します。その細胞死誘導機構をうまく利用した薬剤は、老化細胞内でアポトーシスを抑制しているタンパク質を阻害し、老化マウスの造血能力を若返らせる効果を示します。

先進国を中心に、高齢化は急速に進んでいます。それに加え、感染症も含めた多くの病気は、高齢で発症あるいは重症化することなどから、今後ますます抗老化薬の研究・開発は活発化すると予想されます。

他の生物に学んで模倣する技術

少し込み入った話が続きました。老化の基礎研究や薬の開発が、ヒトの寿命を延ばすのに有効な手段であるのはもちろんですが、他にも方法はあります。それは「生き物に学ぶ」という方法です。最近注目を集めているバイオミメティクスあるいはバイオミミクリーと呼ばれる「生物模倣技術」という学問分野がありますが、そのような感じです。

生物模倣技術とは、古くからある例では、草むらを歩いていると「ひっつき虫」と呼ばれる植物の種子が、ズボンや靴下にくっついて、「あれれ」と思った経験はどなたにもあるかと思います。この「ひっつき虫」というのは通称で、いくつかの植物の種を指します。代表的なものにオナモミがありますが、その仲間の植物が持つトゲの先端のかぎ針構造がひっかかる原因です。このかぎ針構造を真似して、面ファスナー（「マジックテープ」）が考え出されました（図5－4上）。

（左下）Pascal Deynat/Odontobase/CC-BY-SA- 3.0,（右下）NASA/Kathy Barnstorff

図5-4　生物模倣技術の例

写真上：オナモミの実（左）と、その構造を模倣してできた面ファスナー（「マジックテープ」）（右）

写真下：水の抵抗を弱める構造になっているサメの肌（左）と、レーザーレーサー（右）

また、2008年の北京オリンピックで有名になったサメ肌水着（レーザーレーサー）は、サメの表皮に見られるリブレットと呼ばれる規則正しい凹凸構造を模倣し、水の抵抗を減衰させます（図5－4下）。北京オリンピックでは、この水着を着用した選手たちから23もの世界記録が生まれました（2010年より使用禁止になっています）。さらに、見る角度によって色が変わるチョウの翅《はね》の性質が、お札の偽造防止の印刷技術に使われていたり、水や油を弾く作用のあるカタツムリの殻から「汚れない外壁材」などが開発されています。

生物は、長年の変化と選択によって私たちの想像を絶する機能を発達させています。まさに先端技術の宝庫です。生物模倣技術は、生物の多様性の恩恵を利用した素晴らしい技術なのです。

ハダカデバネズミが長寿のワケ

さて、バイオミメティクスにならって長寿のコツを他の生物から学ぶことはできないでしょうか？　寿命に関しては、ヒトより長く生きられる生き物はあまりいないため、難しいように思いますが、注目に値する動物が1種います。第3章で紹介したハダカデバネズミです。

同じサイズのげっ歯類（ネズミの仲間）、例えばハツカネズミの寿命が2〜3年なのに対して、ハダカデバネズミは30年と10倍ほど長く生きます。すごい多様性の幅ですね。霊長類にたとえると、ヒトとほぼ同サイズのゴリラやチンパンジーの寿命は40〜50年なので、もしハダカデバネズミ並みにヒトが長生きできたとすると、単純計算ではヒトの寿命はその10倍の500年生きることになります。ハダカデバネズミの長生きの理由を真似して、ヒトの寿命を延ばすことはできるのでしょうか？

ハダカデバネズミの特徴については、第3章でお話ししました。ここではそれをおさらいしながら、ハダカデバネズミのどのような特徴が長寿に結びついたのか、考察してみましょう。

まず、「進化が生き物を作った」という観点から、どのような選択の結果、長寿になったのか想像していきます。ハツカネズミもハダカデバネズミも、祖先は同じ小型のネズミでした。小型の祖先ネズミは陸上と地下の両方で暮らしていました。地下は巣穴だったのかもしれません。偶然の「変化」が起こり、地下で長く生活できるものが出てきました。ヘビなどの天敵から身を守るための「選択」も働いたのかもしれません。あるいは、環境の変化で地下のほうが快適になったのかもしれません。地下の穴の中でも、また変化と選択が起こり、低酸素でも活動できるもの、栄養が少なくても生きられるもの、そして狭い穴の中でも仲良く協力して暮らせるものが、選択されてきました。このときに、ネズミの繁殖力の強さ、世代交代の短さが進化速度を加速したと思われます。

そして協力はやがて組織化し、食料調達、子育て、巣穴の設計・防衛にまでおよび、組織力が強い集団が選択されていきます。最終的には、女王のみが出産し、あとは分業・協力して集団を維持する真社会性ができ上がったのです。さらに、低酸素環境での代謝の低下、分業によるストレスの軽減が、長寿化にプラスに働いたと推察されます。

長寿の要因は、それだけではありません。天敵が少なく、食べ物が限られている穴の中での生活では、「食べられて死ぬ」という一般的なハツカネズミなどの多産多死のスタイルよりも、少なく産んで長生きさせる「少産長寿」のほうが、集団および個体を維持するコストがずっと低くてすみます。長生きは、集団での若年個体の割合を下げ、子育てにかかる労力の割合も低下します。

そして野生の生き物は概してそうなのですが、老年個体のパフォーマンス（体力）も死亡率も、若年個体とほとんど変わりません。つまり死ぬ直前まで働き、ピンピンコロリで死んでいきます。そのため人間社会とは異なり、老年個体を支える集団のコストもないのです。非常にエネルギー効率の良い「総活躍」社会を形成しています。

ヒトはハダカデバネズミになれるか？

さて、それではハダカデバネズミのどこを真似したらヒトも同じように超長寿になれるのでしょうか？　まず低酸素、低体温、低代謝などの生理的な部分は、簡単に真似するのは無理です。これは基礎研究でじっくりメカニズムを解明し、これらの生理現象と似た効果を作り出す薬やサプリメントを開発するしか方法はないでしょう。例えば活性酸素の発生を抑えるような薬です。

一方、社会的な変革のほうは可能かもしれません。この点について、ハダカデバネズミから学べることは2つあります。一つは子育て、もう一つは働き方です。

まず子育て改革ですが、ハダカデバネズミの女王のように産むことに特化したヒトを作るとまではいかないにしても、産むことを選択したカップルに社会全体としてのサポートを手厚くします。例えば3人以上子供を作ると養育費は国が負担する。4人目以降は養育費プラス「手当」を支給するようにして、産みたい方はたくさん産めるような仕組み作りはどうでしょうか。もちろん保育園の増設、保育士の増員もして子育ての直接的な負担も分担します。子育ての実務を今以上にプロに任せることにより、親個人にかかるコストや労力、ストレスを軽減します。この政策は少子化にも歯止めをかけられるかもしれません。

2つ目の働き方改革ですが、ハダカデバネズミの「生涯現役」にならいます。現在の退職後の年金を若い世代が負担する日本の仕組みは、いつも世代間の人口バランスが取れているわけではないので、安定した運用は困難です。例えば現在の日本のように少子高齢化の状態では、若い人の負担が増えてしまいます。

そこで世代間の負担バランスを取るためには、歳をとってもできる仕事、やりたい仕事を一生続けられる仕組みを作るのはどうでしょうか。一部の企業ではすでに始まっていますが、定年制など、労働者人口が増え続けていた時代に作られた制度は見直し、働ける人、働きたい人は年齢にかかわらず働けるようにするのはいかがでしょう。うまくいけば、生きがいを作り、健康にもプラスに働き、長生きが楽しくなる社会が築けるかもしれません。

このようにシニアが活躍する制度を提案すると必ずある議論は、若い人の職が減ってしまわないかということです。今の日本のように若い世代の人口が減少している状態では、その心配はあまり大きくないのかもしれません。逆にこのまま定年制などを続けていくと、就労者人口が維持できずに、人手不足により日本の産業をはじめ、研究、技術開発などさまざまな分野の維持が困難になる可能性もあると思います。

以上は私が考える理想論なので、現実にはうまくいかないことも多々出てくるかもしれません。ただ、ハダカデバネズミの多くの個体は昼寝をしています。みんなが競って仕事量を増やし成果を競う社会から、効率を上げてゆとりある社会に転換することが、社会全体のストレスを減らし、結果的にヒトの健康寿命を延ばすことができるかも、と私は思いますが、皆さんはどう思われますか？

死は生命の連続性を支える原動力

　これまでお話ししてきたことで、生物共通の「死」の意味が見えてきたでしょうか。生き物にとって死とは、進化、つまり「変化」と「選択」を実現するためにあります。「死ぬ」ことで生物は誕生し、進化し、生き残ってくることができたのです。

　化学反応で何かの物質ができたとします。そこで反応が止まったら、単なる塊です。それが壊れてまた同じようなものを作り、さらに同じことを何度も繰り返すことで多様さが生まれていきます。やがて自ら複製が可能な塊ができるようになり、その中でより効率良く複製できるものが主流となり、その延長線上に「生物」がいるのです。生き物が生まれるのは偶然ですが、死ぬのは必然なのです。壊れないと次ができません。これはまさに、本書で繰り返してきた「ターンオーバー」そのものです。

　――つまり、死は生命の連続性を維持する原動力なのです。本書で考えてきた「生物はなぜ死ぬのか」という問いの答えは、ここにあります。

「死」は絶対的な悪の存在ではなく、全生物にとって必要なものです。第1章から見てきた通り、生物はミラクルが重なってこの地球に誕生し、多様化し、絶滅を繰り返して選択され、進化を遂げてきました。その流れの中でこの世に偶然にして生まれてきた私たちは、その奇跡的な命を次の世代へと繋ぐために死ぬのです。命のたすきを次に委ねて「利他的に死ぬ」というわけです。

生きている間に子孫を残したか否かは関係ありません。生物の長い歴史を振り返れば、子を残さずに一生を終えた生物も数えきれないほど存在しています。地球全体で見れば、全ての生物は、ターンオーバーし、生と死が繰り返されて進化し続けています。生まれてきた以上、私たちは次の世代のために死ななければならないのです。

「死」をこのように生物学的に定義し、肯定的に捉えることはできますが、ヒトは感情の生き物です。死は悲しいし、できればその恐怖から逃れたいと思うのは当然です。たとえハダカデバネズミ的な生活を真似ることに見事成功し、健康寿命が延びて理想的な「ピンピンコロリの人生」が送れたとしても、やはり自分という存在を失う恐怖は、変わりありません。ではこの恐怖を、私たちはどう捉えたらいいのでしょうか。

答えは簡単で、この恐怖から逃れる方法はありません。この恐怖は、ヒトが「共感力」を身につけ、集団を大切にし、他者との繋がりにより生き残ってきた証なのです。

ヒトにとって「共感力」は、何よりも重要です。これは「同情する」ということだけではありません。ヒトは、喜びを分かち合うこと、自分の感覚を肯定してもらうことで幸福感を得ます。美味しい料理を二人で食べて「美味しいね」と言うだけで、さらに美味しく感じられるのがヒトなのです。そしてこの共感力はヒトとヒトの「絆」となり、社会全体をまとめる骨格となります。

ヒトにとって「死」の恐怖は、「共感」で繋がり、常に幸福感を与えていてくれたヒトとの絆を喪失する恐怖なのです。また、自分自身ではなく、共感で繋がったヒトが亡くなった場合も同じです。そしてその悲しみを癒やす、別の何かがその喪失感を埋めるまで、悲しみは続くのです。

ヒトの未来

生物の死の意味についてお伝えしてきましたが、最後に、ヒトの未来について考えてみます。今後のヒトの進化の方向性について、私見をお話しして本書の締めくくりとしたいと思います。

私たちが生きていないような遠い将来は、どうでもいいように思う方もおられるかもしれませんが、私たちがいま存在するように、私たちの子孫も存在していて欲しいと願いつつ、想像してみることにします。未来は、私たちがいま、どういう選択をするかで大きく変わってくるのですから。

人間社会は現在、集団を大切にする考えから、より個人を大切にする考え方への転換という意味で大きな分岐点にあります。ヒトは、集団（社会）で進化してここまできました。複雑な言葉も豊かな表情やジェスチャーも、全てコミュニケーションのために発達してきたのです。本書でお伝えしてきたように「進化が生き物を作った」と考えれば、コミュニケーションがうまく、より社会的な個体ほど選択されて、子孫をたくさん残してきたのです。

従来のコミュニケーションは、人と直接会って話をするというアナログ的なもので、そこでは、見た目や声の調子、雰囲気が重要な情報源でした。しかしご存じのように、現在のコミュニケーションツールのメインは、スマホやパソコンといった電子媒体です。このデジタル信号情報を介したコミュニケーションでは、単なる情報のやり取りが多く、「心」のコミュニケーションは、たとえ絵文字や画像を駆使しても、どうしても今までとは違ってくる部分が出るでしょう。

私の知り合いで、実際にお会いすると温厚で優しい方なのですが、メールでは結構過激なことをズバッと言う人がいます。別の人がメールを書いているのではと思うくらいです。そのギャップについてご本人に聞いてみると、キーボードを叩き始めると別人格が降りてくるそうです。もちろん逆のパターンもあります。人によっては、キーボードに限らず車のハンドルを握ると急に激しい性格になったり、外国で英語を使って話し始めると急に性格が明るくなったりする人もいます。楽器の演奏やダンスもそうです。私たちはもともと色々な面を持っていて、それがメールや楽器といった「表現するツール」によって、違って表に現れてくるのです。

ある種のアバター（分身）と言ってもいいかもしれません。いろんなアバターがいるのです。デジタルコミュニケーションでは、アバターの出現は日常化してきます。実際に、ネット上で別の名前、性別、年齢で、人とコミュニケーションをとり続けることも可能です。どうせ実物とは会わないのであれば、どうでもいいのです。実際に、SNSでは4割の人が人格を変えて書き込んでいるという調査結果もあります。

アバターによるネットを介したコミュニケーションのいい面としては、入力さえ可能であれば、バリアフリーに誰とでもコミュニケーションをとれることです。極端な話、アバターが人ではなく、AI（人工知能）でも同じことです。AIも人が情報を入れ込むことで、ヒトっぽい存在にすることができます。ヒトに創造された人格という意味では、AIもアバターです。また、コミュニケーションのみならず情報源、仕事のツールとしてもネットを介して行うことが中心となっています。極端に言ってしまえば、あまりヒトと会わずに生きられるのです。現に多くの人は、かなりの時間、コンピュータに向かって仕事をしています。

AIの出現で人類の進化の方向が変わる!?

さて、生物の進化の話に戻りますが、このアバターもAIアバターも進化によって出てきたわけではなく、ヒトが作り出したいわば「ネット人格」です。彼らは仮想空間で生きていますが、時には友人のようにアドバイスし、確実に我々の生活や生き方に影響を与えます。AIに至っては、ある面においては、ヒトよりはるかに優れていて、画像診断など大変頼りになる分野もあります。ヒトのアバターも、本人とは相当逸脱した人格になる可能性があります。

膨張している「ネット人格」の存在は、今後地球上のリアルなヒトの進化――つまり「変化と選択」にどのような影響を与えるのでしょうか。

ある研究者は「シンギュラリティ（AIがヒトの能力を超えてしまう技術的な転換期）」が起こり、ヒトの仕事の半分近くはAIに取って代わられると予測しています。このシンギュラリティによりヒトが仕事を失って不幸になるのか、あるいはロボットに助けられて幸せになるのかは、あまり議論されていませんが、どちらかと言うと不安を煽るような見方で「将来消えてしまう職業」というような報道が多いと思います（図5-5）。現在、その「将来消えてしまう職業」に就いている人はいい気分ではないですね。

逆に、AIの進出で将来増える職業はあるのかというと、システムエンジニアとかプログラマーとかとなりますが、こちらもAI自身によるプログラミングが進むと、ヒトはもはやそれも理解できなくなる可能性があります。つまり確実に職業の選択肢が減るのです。

このように考えると、あまり良いところはなさそうです。さらにはAIとうまく共存していかないと、逆に生きにくくなる可能性があります。こうなるとAIは便利な道具というよりは、ヒトより知能が進んだエイリアン的存在となりますね。そして進化的には、AIとうまく付き合える人が「選択」されるのかもしれません。一番困るのは、AIが何かの理由、例えば新型コンピュータウイルスなどで使えなくなると、もうどうにもなりません。

死なないAIとヒトはどのように付き合えばいいのか

もう少し、AIと共存していく社会について、考えてみましょう。AIは何らかの答えを出してくれますが、問題はその答えが正しいかどうかの検証をヒトがするのが難しいと

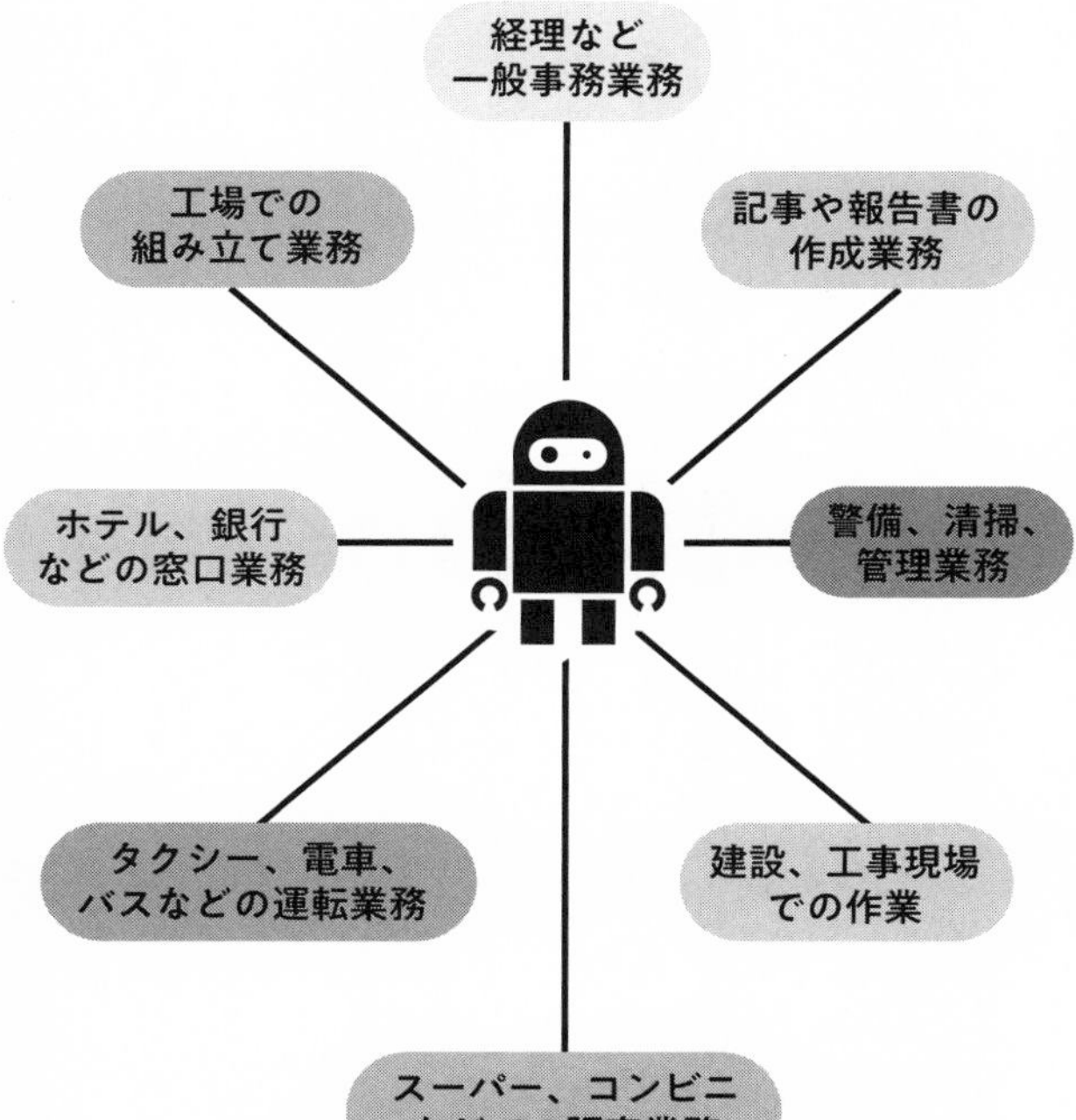

図5-5　将来、ＡＩに取って代わられる可能性のある業務の例

いうことです。大切なことは、何をAIに頼って、何をヒトが決めるのかを、しっかり区別することでしょう。

よく使われるものとして、データをコンピュータに学習させて、それを基に分析を行う機械学習型のAIがあります。これは過去の事例からの条件（重み付け）にあった最適な答えを導き出すので、その学習データの質で答えが変わってきます。画像診断AIのように、見落としがないかなど医師の診断を助ける道具としては非常に役に立ちます。ただ、例えば過去の事例にないケースの判断は難しいのですが、その場合には「正解を知っている」医師が判断すればいいので問題はありません。

機械学習型ではなく、SF映画に登場するヒトのように考える汎用型人工知能はどうでしょうか？　まだ開発途中ですが、さまざまな局面でヒトの強力な相談相手になることが期待されています。こちらはヒトが「正解を知っている」わけではないので、使い方を間違うとかなり危険だと思っています。なぜなら、ヒトが人である理由、つまり「考える」ということが激減する可能性があるからです。一度考えることをやめた人類は、それこそAIに頼り続け、「主体の逆転」が起こってしまいます。ヒトのために作ったはずのAIに、ヒトが従属してしまうのです。

ではそうならないようにするには、どうすればいいのでしょうか。私の意見としては、決して「ヒトの手助け」以上にＡＩを頼ってはいけないと思います。あくまでＡＩはツール（道具）で、それを使う主体はリアルなヒトであるべきです。

「いや、ＡＩのほうが賢明な判断をしてくれるよ」とおっしゃる方もおられるでしょう。しかし、それは時と場合によります。いつも正しい答えが得られるという状況は、ヒトの考える能力を低下させます。ヒトは試行錯誤、つまり間違えることから学ぶことを成長と捉え、それを「楽しんで」きたのです。喜劇のコントの基本は間違えて笑いを誘い、最後はその間違いに気づくことが面白いのです。逆に「悲劇」は、取り返しがつかない運命に永遠に縛られることに、恐怖と悲しみを覚えるのではないでしょうか。

ＡＩは、人を楽しませる面白い「ゲーム」を提供するかもしれません。しかし、リアルな世界では、ＡＩはヒトを悲劇の方向に導く可能性があります。そして何よりも私が問題だと考えるのは、ＡＩは死なないということです。

私たちは、たくさん勉強しても、死んでゼロになります。そのため、文化や文明の継承、つまり教育に時間をかけ、次世代を育てます。一世代ごとにリセットされるわけです。死なないＡＩにはそれもなく、無限にバージョンアップを繰り返します。

私は１９６３年の生まれで、大学生の時（１９８４年）にアップル社からマッキントッシュ（Ｍａｃ）のコンピュータが発売され、その後ウィンドウズが誕生したのを体験してきました。ゲームも、フロッピーディスクに入った「テトリス」を８インチの白黒画面でハイスコアを競ったものです。その後のパソコン、ゲーム機、スマホなどの急速な進歩は、本当に驚きです。

私はコンピュータの急成長も可能性も脆弱性も知っている「生みの親」世代です。そしてコンピュータが「生みの親」より賢くなっていくのを体感してきました。だからこそＡＩの危険性、つまりこのままいったらやばいと直感的に心配になるのかもしれません。いつまで経っても子供が心配な親の心境に似ています。

その危機感について、自分の子供に相当する世代には警鐘を鳴らすことができますが、孫の世代にはどうでしょうか。孫たちにとってはヒト（特に親）の能力をはるかに凌駕したコンピュータが生まれながらにして存在するのです。タブレットで読み・書き・計算を教わり、私情が入らないようにと先生代わりのＡＩが成績をつけるという時代にならないとも限りません。そんな孫の世代にとっては、ＡＩの危険性よりも信頼感のほうが大きくなるのは当然です。

死なないＡＩは、私たち人間と違って世代を超えて、進歩していきます。一方、限られた私たちの寿命と能力では、もはや複雑すぎるＡＩの仕組みを理解することも難しくなるかもしれませんね。人類は１つの能力が変化するのに最低でも何万年もかかります。その人類が自分たちでコントロールすることができないものを、作り出してしまったのでしょうか。

ヒトが人であり続けるために

進歩したＡＩは、もはや機械ではありません。ヒトが人格を与えた「エイリアン」のようなものです。しかも死にません。どんどん私たちが理解できない存在になっていく可能性があります。

死なない人格と共存することは難しいです。例えば、身近に死なないヒトがいたら、と想像してみてください。その人とは、価値観も人生の悲哀も共有できないと思います。非常に進歩したＡＩとはそのような存在になるのかもしれません。

多くの知識を溜め込み、いつも合理的な答えを出してくれるＡＩに対して、人間が従属的な関係になってしまう可能性があります。私たちがちょうど自分たちより寿命の短い昆虫などの生き物に抱くような、ある種の「優越感」と逆の感情を持つのかもしれません。「ＡＩは偉大だな」というような。

ヒトには寿命があり、いずれ死にます。そして、世代を経てゆっくりと変化していく――それをいつも主体的に繰り返してきましたし、これからもそうあることで、存在し続けていけるのです。ＡＩが、逆に人という存在を見つめ直すいい機会を与えてくれるかもしれません。生き物は全て有限な命を持っているからこそ、「生きる価値」を共有することができるのです。

同様にヒトに影響力があり、且つ存在し続けるものに、宗教があります。もともとその宗教を始めた開祖は死んでしまっていても、その教えは生き続ける場合があります。そういう意味では死にません。

ヒトは病気もしますし、歳を重ねると老化もします。ときには気弱になることもあります。そのようなときに死なない、しかも多くの人が信じている絶対的なものに頼ろうとするのは、ある意味理解できることです。ＡＩも将来、宗教と同じようにヒトに大きな影響を与える存在になるのかもしれません。

宗教は、付き合い方を間違うと、戦争やテロにつながるのは歴史からご存じの通りです。ただ、宗教のいいところは、個人が自らの価値観で評価できることです。それを信じるかどうかの判断は、自分で決められます。それに対してＡＩは、ある意味ヒトよりも合理的な答えを出すようにプログラムされています。ただ、その結論に至った過程を理解することができないので、人がＡＩの答えを評価することが難しいのです。「ＡＩが言っているのでそうしましょう」となってしまいかねません。何も考えずに、ただただ服従してしまうかもしれないのです。

それではヒトがＡＩに頼りすぎずに、人らしく試行錯誤を繰り返して楽しく生きていくにはどうすればいいのでしょうか？

その答えは、私たち自身にあると思います。つまり私たち「人」とはどういう存在なのか、ヒトが人である理由をしっかりと理解することが、その解決策になるでしょう。

人を本当の意味で理解したヒトが作ったＡＩは、人のためになる、共存可能なＡＩになるのかもしれません。そして本当に優れたＡＩは、私たちよりもヒトを理解できるかもしれません。さて、そのときに、その本当に優れたＡＩは一体どのような答えを出すのでしょうか？　――もしかしたらＡＩは自分で自分を殺す（破壊する）かもしれませんね、人の存在を守るために。

おわりに

この「おわりに」を書いているとき（２０２１年１月）に、世界中で新型コロナウイルスが猛威をふるっていました。ヒトは無力で脆弱な存在であることを思い知らされた、歴史に残る大きな出来事です。

生きているものは裏を返せば「死ぬもの」です。知性を持った人類は、自分たちは特別な存在だと思っていますが、地球の生物の38億年の長い歴史の中では、人類の繁栄は短く、人生は一瞬の出来事に近く、他の生き物と大差ありません。死は全ての生き物に平等に訪れるのです。それは地球で生まれて進化して、同じＤＮＡの起源を持つ同胞の証でもあるのです。もちろん死ぬことと同時に、多様性を持って生まれ続けることも同じように大切で、そのために必要な死でもあるのです。言ってみれば、生き物は利己的に偶然生まれ、公共的に死んでいくのです。

生と死、変化と選択の繰り返しの結果として、ヒトもこの地球に登場することができました。死があるおかげで進化し、存在しているのです。死は現在生きているものから見ると、生きた「結果」であり「終わり」ですが、長い生命の歴史から考えると、生きている、存在していることの「原因」であり、新たな変化の「始まり」なのです。そしてもっとも重要なことは、その生‐死を繰り返すことのできる舞台となる地球を、自らの手で壊すことがないように守っていくことです。そうすればまた形を変えて生き物は再生することができるのです。

多様であることを大切にし、変化を好み、そして間違え、反省し、人に共感して笑ったり泣いたりして人生を送れたら最高ですね。

本書を執筆する機会と多くの助言をくださいました講談社学芸部 篠木和久氏、家田有美子氏に感謝いたします。

N.D.C. 460　218p　18cm
ISBN978-4-06-523217-0

図版作成：齋藤ひさの、さくら工芸社

講談社現代新書　2615

生《せい》物《ぶつ》はなぜ死《し》ぬのか

二〇二一年四月二〇日第一刷発行　二〇二二年二月八日第一三刷発行

著者　小《こ》林《ばやし》武《たけ》彦《ひこ》　© Takehiko Kobayashi 2021

発行者　鈴木章一

発行所　株式会社講談社
東京都文京区音羽二丁目一二―二一　郵便番号一一二―八〇〇一
電話　〇三―五三九五―三五二一　編集（現代新書）
〇三―五三九五―四四一五　販売
〇三―五三九五―三六一五　業務

装幀者　中島英樹

印刷所　株式会社新藤慶昌堂

製本所　株式会社国宝社

定価はカバーに表示してあります　Printed in Japan

「講談社現代新書」の刊行にあたって

教養は万人が身をもって養い創造すべきものであって、一部の専門家の占有物として、ただ一方的に人々の手もとに配布され伝達されうるものではありません。

しかし、不幸にしてわが国の現状では、教養の重要な養いとなるべき書物は、ほとんど講壇からの天下りや単なる解説に終始し、知識技術を真剣に希求する青少年・学生・一般民衆の根本的な疑問や興味は、けっして十分に答えられ、解きほぐされ、手引きされることがありません。万人の内奥から発した真正の教養への芽ばえが、こうして放置され、むなしく滅びさる運命にゆだねられているのです。

このことは、中・高校だけで教育をおわる人々の成長をはばんでいるだけでなく、大学に進んだり、インテリと目されたりする人々の精神力の健康さえもむしばみ、わが国の文化の実質をまことに脆弱なものにしています。単なる博識以上の根強い思索力・判断力、および確かな技術にささえられた教養を必要とする日本の将来にとって、これは真剣に憂慮されなければならない事態であるといわなければなりません。

わたしたちの「講談社現代新書」は、この事態の克服を意図して計画されたものです。これによってわたしたちは、講壇からの天下りでもなく、単なる解説書でもない、もっぱら万人の魂に生ずる初発的かつ根本的な問題をとらえ、掘り起こし、手引きし、しかも最新の知識への展望を万人に確立させる書物を、新しく世の中に送り出したいと念願しています。

わたしたちは、創業以来民衆を対象とする啓蒙の仕事に専心してきた講談社にとって、これこそもっともふさわしい課題であり、伝統ある出版社としての義務でもあると考えているのです。

一九六四年四月　野間省一

自然科学・医学

1141 安楽死と尊厳死——保阪正康
1328 「複雑系」とは何か——吉永良正
1343 カンブリア紀の怪物たち　サイモン・コンウェイ・モリス 松井孝典 監訳
1500 科学の現在を問う　村上陽一郎
1511 優生学と人間社会——米本昌平 松原洋子 橳島次郎 市野川容孝
1689 時間の分子生物学——粂和彦
1700 核兵器のしくみ——山田克哉
1706 新しいリハビリテーション　大川弥生
1786 数学的思考法——芳沢光雄
1805 人類進化の700万年　三井誠
1813 はじめての〈超ひも理論〉　川合光
1840 算数・数学が得意になる本　芳沢光雄
1861 〈勝負脳〉の鍛え方——林成之
1881 「生きている」を見つめる医療——中村桂子 山岸敦
1891 生物と無生物のあいだ　福岡伸一
1925 数学でつまずくのはなぜか　小島寛之
1929 脳のなかの身体——宮本省三
2000 世界は分けてもわからない　福岡伸一
2023 ロボットとは何か——石黒浩
2039 ソーシャルブレインズ入門　藤井直敬
2097 〈麻薬〉のすべて——船山信次
2122 量子力学の哲学——森田邦久
2166 化石の分子生物学——更科功
2191 DNA医学の最先端　大野典也
2204 森の力——宮脇昭
2219 宇宙はなぜこのような宇宙なのか——青木薫
2226 「人体」の不思議 宇宙生物学で読み解く——吉田たかよし
2244 呼鈴の科学——吉田武
2262 生命誕生——中沢弘基
2265 SFを実現する——田中浩也
2268 生命のからくり——中屋敷均
2269 認知症を知る——飯島裕一
2292 認知症の「真実」——東田勉
2359 ウイルスは生きている　中屋敷均
2370 明日、機械がヒトになる　海猫沢めろん
2384 ゲノム編集とは何か　小林雅一
2395 不要なクスリ 無用な手術　富家孝
2434 生命に部分はない——A・キンブレル 福岡伸一 訳

哲学・思想Ⅱ

Ⓑ

心理・精神医学

331 異常の構造——木村敏
590 家族関係を考える——河合隼雄
725 リーダーシップの心理学——国分康孝
824 森田療法——岩井寛
1011 自己変革の心理学——伊藤順康
1020 アイデンティティの心理学　鑪幹八郎
1044 〈自己発見〉の心理学　国分康孝
1241 心のメッセージを聴く　池見陽
1289 軽症うつ病——笠原嘉
1348 自殺の心理学——高橋祥友
1372 〈むなしさ〉の心理学　諸富祥彦
1376 子どものトラウマ——西澤哲
1465 トランスパーソナル心理学入門——諸富祥彦
1787 人生に意味はあるか　諸富祥彦
1827 他人を見下す若者たち　速水敏彦
1922 発達障害の子どもたち——杉山登志郎
1962 親子という病——香山リカ
1984 いじめの構造——内藤朝雄
2008 関係する女 所有する男——斎藤環
2030 がんを生きる——佐々木常雄
2044 母親はなぜ生きづらいか——香山リカ
2062 人間関係のレッスン　向後善之
2076 子ども虐待——西澤哲
2085 言葉と脳と心——山鳥重
2105 はじめての認知療法——大野裕
2116 発達障害のいま——杉山登志郎
2119 動きが心をつくる——春木豊
2143 アサーション入門——平木典子
2180 パーソナリティ障害とは何か——牛島定信
2231 精神医療ダークサイド　佐藤光展
2344 ヒトの本性——川合伸幸
2347 信頼学の教室——中谷内一也
2349 「脳疲労」社会——徳永雄一郎
2385 はじめての森田療法　北西憲二
2415 新版 うつ病をなおす　野村総一郎
2444 怒りを鎮める うまく謝る　川合伸幸